中国水利教育协会　组织

全国水利行业"十三五"规划教材(中等职业教育)

水利工程测量实训

主　编　王朝林

副主编　张　仁

中国水利水电出版社
www.waterpub.com.cn
·北京·

内 容 提 要

本书是中等职业学校水利水电工程施工专业"十二五"规划教材，按照中等职业人才培养要求及教学特点编写。全书共分基础实训和综合实训两大部分，基础实训部分共二十三个实训任务，包括水准仪的基本操作、水准测量、水准仪检验、经纬仪的基本操作、水平角和竖直角的观测与数据处理、三角高程测量、距离测量、控制测量、全站仪的基本操作、GPS的认识与使用、GPS静态测量与数据处理、GPS动态测量与数据处理等实训内容；综合实训部分包括渠道施工放样、水闸施工放样、场地平整等实训内容。本书配合《水利工程测量》一同使用。

本书可供中等职业学校水利水电工程施工、水利水电工程技术、农业水利工程技术、给排水工程施工与运行等专业教学使用，也可供从事上述专业的工作技术人员参考。

图书在版编目（CIP）数据

水利工程测量实训 / 王朝林主编. -- 北京 ：中国
水利水申出版社，2017.1(2021.8重印)
全国水利行业"十三五"规划教材. 中等职业教育
ISBN 978-7-5170-5187-9

Ⅰ. ①水… Ⅱ. ①王… Ⅲ. ①水利工程测量－中等专
业学校－教学参考资料 Ⅳ. ①TV221

中国版本图书馆CIP数据核字(2017)第028684号

书　　名	全国水利行业"十三五"规划教材（中等职业教育） **水利工程测量实训** SHUILI GONGCHENG CELIANG SHIXUN	
作　　者	主编 王朝林　　副主编 张仁	
出版发行	中国水利水电出版社 （北京市海淀区玉渊潭南路1号D座　100038） 网址：www. waterpub. com. cn E-mail：sales@waterpub. com. cn 电话：(010) 68367658（营销中心）	
经　　售	北京科水图书销售中心（零售） 电话：(010) 88383994、63202643、68545874 全国各地新华书店和相关出版物销售网点	
排　　版	中国水利水电出版社微机排版中心	
印　　刷	清淞永业（天津）印刷有限公司	
规　　格	184mm×260mm　16开本　10印张　231千字	
版　　次	2017年1月第1版　2021年8月第2次印刷	
印　　数	2001—5000册	
定　　价	**33.00元**	

前　言

本书是根据教职成厅〔2012〕5号《教育部办公厅关于制订中等职业学校专业教学标准的有关意见》等文件精神，以及水利职业技术教育分会中等职业教育教学研究会制定的水利水电工程施工专业的教学标准的具体要求组织编写的。

本书遵循中等职业学校教学特点，配合《水利工程测量》教材编写而成，在简单阐述基本理论的基础上，主要突出实际应用，重点进行工程测量的高程、角度、距离三项基本测量，小区域控制测量，地形图测绘及应用，水工建筑物施工放样，卫星导航定位技术及其在工程中的应用等相关技能的训练。为突出中职教学特点，强化学生独立思考及解决问题的能力，结合工程实例阐述了工程测量的基本技能，使学生在做大量实训技能训练的基础上，对工程测量在工程施工中的应用有充分的认识，能较好掌握技能知识并应用于工程施工测量中。

本书编写人员主要有甘肃省水利水电学校王朝林、马亮、赵天毅、刘蓉，新疆水利水电学校王环波，黑龙江省水利水电学校张仁、王洪利。

由于编者水平有限，加之时间仓促，书中难免存在缺点和错误，敬请读者批评指正。

编　者

2017 年 1 月

目 录

前言

第一部分 基 础 实 训

实训一 水准仪的认识及使用 ……………………………………… 1

实训二 闭合水准路线测高程 ………………………………………… 8

实训三 附合水准路线高程测量 …………………………………… 13

实训四 水准仪的检验与校正 ……………………………………… 17

实训五 经纬仪的基本操作（安置仪器、读数） ……………… 22

实训六 水平角的观测与数据处理 ………………………………… 28

实训七 竖直角的观测与数据处理 ………………………………… 38

实训八 三角高程测量 ……………………………………………… 44

实训九 视距测量 …………………………………………………… 56

实训十 小区域平面控制测量 ……………………………………… 61

实训十一 小区域高程控制测量 …………………………………… 64

实训十二 全站仪的基本操作 ……………………………………… 69

实训十三 全站仪坐标采集 ………………………………………… 73

实训十四 全站仪坐标放样 ………………………………………… 76

实训十五 地面高程点的放样 ……………………………………… 79

实训十六 对边测量 ………………………………………………… 82

实训十七 全站仪悬高测量 ………………………………………… 87

实训十八 全站仪偏心测量 ………………………………………… 92

实训十九 全站仪面积测量 ………………………………………… 98

实训二十 全站仪后方交会测量 …………………………………… 103

实训二十一 GPS 的认识与使用 …………………………………… 108

实训二十二 GPS 静态测量与数据处理 …………………………… 118

实训二十三 GPS 动态测量与数据处理 …………………………… 129

第二部分 综 合 实 训

实训二十四　渠道施工放样…………………………………………………… 135

实训二十五　水闸施工放样…………………………………………………… 145

实训二十六　场地平整………………………………………………………… 149

参考文献 …………………………………………………………………… 153

第一部分 基 础 实 训

实训一 水准仪的认识及使用

★**学习任务**

  了解 DS3 型微倾式水准仪的基本构造和性能，认识其主要部件的名称和作用。

※**学习目标**

  （1）掌握水准仪的安置、整平、瞄准、读数。

  （2）掌握普通水准测量的施测、记录和计算方法。

▲**仪器和工具准备**

  （1）实验安排 4 学时。实验小组由 4 人组成，1 人操作仪器，1 人记录，2 人立尺，轮流操作。

  （2）每组 DS3 型微倾式水准仪 1 台，水准尺 2 根，记录板 1 块，尺垫 2 个。自备铅笔、草稿纸。

任务一 水 准 仪 的 认 识

一、知识准备

1. 水准仪的构造和各部件的名称

图 1-1 所示为 DS3 型微倾式水准仪的外形及各部件的名称。

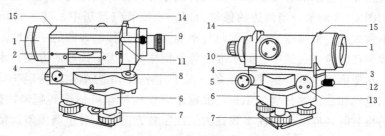

图 1-1　DS3 型微倾式水准仪

1—望远镜物镜；2—水准管；3—簧片；4—支架；5—微倾螺旋；6—基座；7—脚螺旋；
8—圆水准器；9—望远镜目镜；10—物镜调焦螺旋；11—气泡观察镜；12—制动螺旋；
13—微动螺旋；14—照门；15—准星

  2. 水准仪的安置和使用

  （1）安置仪器。仪器所安置的地点称为测站。在测站上松开三脚架伸缩螺旋，按需要调整架腿的长度，将螺旋拧紧。然后分开三脚架架腿，使架头大致水平，把三脚架的脚尖

1

踩入土中；然后把水准仪从箱中取出，放到三脚架架头上，一手握住仪器，一手将三脚架架头上的连接螺旋旋入仪器基座内，拧紧，并检验是否已完全连接牢固，关上仪器箱。

（2）粗平。水准仪的粗平是通过旋转仪器的脚螺旋使圆水准气泡居中而达到的。如图1-2所示，按"左手拇指规则"旋转一对脚螺旋［图1-2（a）］和第三个脚螺旋［图1-2（b）］，使气泡居中。这是置平测量仪器的基本功，必须反复练习。

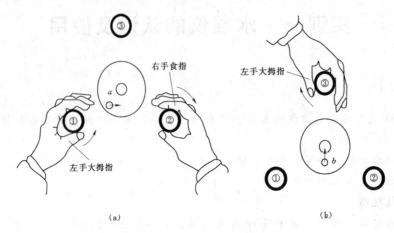

图1-2 使圆水准器气泡居中

（3）瞄准。望远镜瞄准目标前，先进行目镜调焦，使十字丝最清晰；放松制动螺旋，转动望远镜，通过望远镜上的照门和准星初步瞄准水准尺，旋紧制动螺旋；进行物镜调焦，使水准尺分划成像清晰；旋转微动螺旋，使水准尺像的一侧靠近十字丝纵丝（便于检查水准尺是否竖直）；眼睛略作上下移动，检查十字丝与水准尺分划像之间是否有相对位移（视差）；如果存在视差，则重新进行目镜调焦和物镜调焦，以消除视差。若实在难以完全消除视差，则以眼睛平视读数。

（4）精平。精平使水准管气泡居中，使水准仪的视线水平，是水准测量中关键性的一步。转动微倾螺旋，使水准管气泡居中；从目镜左方的符合气泡观察镜可以看到气泡两个半边的像，如图1-3所示，当两边的像符合时，水准管气泡居中。注意转动微倾螺旋要徐徐而进，不宜太快；微倾螺旋转动方向与水准管气泡像移动方向的一致性。

（5）读数。在倒像望远镜中看到水准尺像是倒立的，为了读数的方便，水准尺上的注字是倒写的，在望远镜中看到的字是正的。尺上注字以m为单位，每隔10cm注字，每个黑色（或红色）和白色的分划为1cm，根据十字丝的横丝可估读到毫米，如图1-4所示。数分划的格数时，应从小的注字数往大的注字数方向数。对于倒像望远镜，则是从上往下数；先估读水准尺上的毫米数，然后报出全部读数；读数一般应为4位数，即m、dm、cm和mm；读数应迅速、果断、准确，不要拖泥带水。读数后应立即查看水准管气泡两端影像是否仍然吻合，若仍吻合，则读数有效，否则应重新使水准管气泡两端影像吻合后再读数。

综上所述，水准仪的基本操作程序可以归纳为：安置—粗平—瞄准—精平—读数。

3. 自动安平水准仪的使用

图1-5所示为DSZ2型自动安平水准仪的外形及各部件的名称。

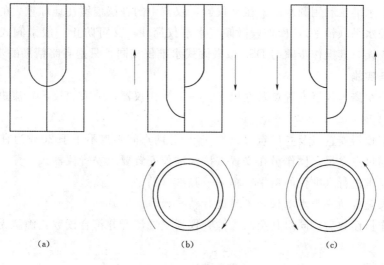

（a）　　　　　　　　　　（b）　　　　　　　　　　（c）

图 1-3　符合气泡

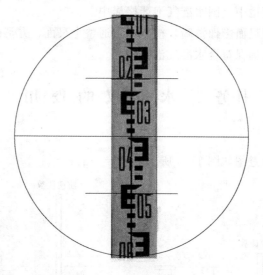

图 1-4　水准尺的读数

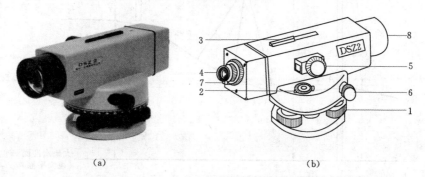

（a）　　　　　　　　　　　　　　　　　　　（b）

图 1-5　DSZ2 型自动安平水准仪

1—脚螺旋；2—圆水准器；3—瞄准器；4—目镜调焦螺旋；5—物镜调焦螺旋；

6—微动螺旋；7—补偿器检查按钮；8—物镜

自动安平水准仪利用圆水准器粗平仪器，仪器中的补偿棱镜在地球重力的作用下自动使仪器视准轴水平（精平），操作较微倾式水准仪简便，又可防止一般微倾式仪在操作中忘记精平的失误。其操作步骤与 DS3 型微倾式水准仪相同，只是省略精平的步骤。

二、任务实施

选择适当距离为仪器安置点及立尺点，一人操作仪器，一人立尺，轮流进行。

1. 操作步骤

（1）确定仪器安置点及立尺点（只立一尺）。两点间距离不小于 20m 为宜。

（2）在立尺点立尺，操作员在安置点按水准仪安置要求安置仪器。

（3）按要求进行水准仪的粗平—粗平—瞄准（精平）—读数。

注：如果是自动安平水准仪，不用进行精平操作。

（4）操作员读数后，同组其余两人检查仪器安置情况并符合读数，确认无误后，换人操作及立尺。

2. 训练要求

（1）仪器安置高度适中，圆水准气泡严格居中。

（2）望远镜视线内尺面影像清晰，横丝应贯通整个尺面，并消除视差。

（3）每次读数前应确保符合水准气泡符合。

任务二 水 准 仪 的 使 用

一、知识准备

水准测量原理的示意图如图 1-6 所示。

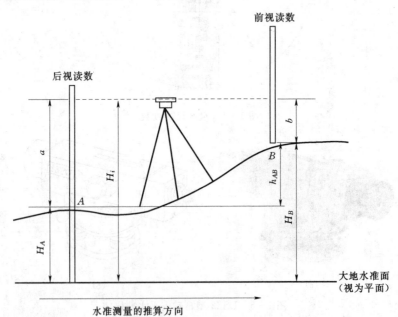

图 1-6 水准测量原理示意图

A、B 两点间的高差为

$$h_{AB} = a - b$$

B 点的高程为

$$H_B = H_A + h_{AB} = H_A + (a - b)$$

二、任务实施

选择两个水准点 A、B，假定 A 点高程已知，通过水准测量，测定 B 点高程。要求操作员通过改变仪器高法，测量 3 个测回，相邻两个测回仪器高差大于 10cm，所测高差之差不大于 ±0.005m。实验小组 4 人，1 人操作仪器，1 人记录，2 人立尺，轮流操作。

1. 操作步骤

（1）确定两个水准点，两点间距离不小于 40m。

（2）在两个水准点上立尺，中间安置水准仪，按粗平—瞄准—精平—读数的步骤，分别观测后尺及前尺读数，并计算高差 h_1。

注意事项：

1）通过目测或步测的方式，确保测站点到前、后尺的距离基本相等。

2）读数前应确保水准仪精平。

3）水准尺要扶正，不得倾斜。

（3）改变水准仪高度，重新安置水准仪，重复上步操作，继续观测并计算高差 h_2。

（4）再次改变水准仪高度，重新安置水准仪，重复上步操作，继续观测并计算高差 h_3。

注意事项：

1）相邻两次观测时，仪器高度的改变应不小于 10cm。

2）相邻两次观测所得的高差之差 $\Delta h = h_1 - h_2 = h_2 - h_3 \leqslant \pm 0.005\text{m}$。

（5）完成 3 个测回的观测后，操作员、记录员及立尺员按顺序依次轮换，直至所有人操作完毕。观测数据填入表 1-1。

表 1-1　　　　　　　　　　　　　水 准 测 量 记 录

测回	测点	后视读数 /m	前视读数 /m	高差/m		高差之差 /m	高程 /m
				+	-		
1	A						
	B						
2	A						
	B						
3	A						
	B						
4	A						
	B						
5	A						
	B						

2. 训练要求

（1）仪器的安置位置应保持前、后视距离大致相等。每次读数前应保证精平及消除视差。

（2）相邻测回间仪器高差及观测高差应满足限差要求，如不满足，则重新观测。

三、任务评价

任务评价见表1-2。

表1-2   任 务 评 价

小组：_____   学号：_____   学生：_____   成绩：_____

工作项目		实训日期		计划学时	
工作内容					
教学方法		任务驱动（理论＋实践）			
工作目标	知识	能力		素质	
				认真、求实、合作精神	
工作重点及难点					
工作任务					
工作成果					
评价标准	A 很积极主动，团队合作很好 B 积极主动，团队合作好 C 较积极主动，团队合作尚好 D 不主动，合作尚好 E 不主动，合作差	A 内容全面，目标合理 B 内容全面，目标较合理 C 内容基本正确 D 内容不正确 E 无内容	A 方法应用很正确 B 方法正确 C 方法基本正确 D 方法不正确 E 无方法	A 形式美观，有特色 B 形式美观 C 形式合理 D 形式尚合理 E 形式不合理	综合
学生自评					
学生互评					
教师评价					
任务评价		学生自评（0.2）＋学生互评（0.3）＋教师评价（0.5）			
	A 90～100 B 80～89 C 70～79 D 60～69 E 60分以下				

思　考　题

1. 写出图 1-7 所示水准仪各部件的名称。

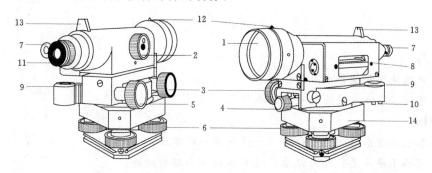

图 1-7　水准仪的部件

1 _____　　2 _____　　3 _____　　4 _____
5 _____　　6 _____　　7 _____　　8 _____
9 _____　　10 _____　　11 _____　　12 _____
13 _____　　14 _____

2. 图 1-8 中标识出水准气泡的位置用箭头标明如何转动 3 只脚螺旋，使图 1-8 所示的圆水准气泡居中。

3. 对光消除视差的步骤是：转动_____使_____清晰，再转动_____螺旋使_____清晰。如发现_____现象，说明存在_____，则必须再转动_____，直至_____面和_____面重合。

4. 用微倾式水准仪进行水准测量时，除了使_____气泡居中外，读数前还必须转动_____螺旋，使_____气泡居中，才能读数。若使图 1-9 所示气泡影像符合，请用箭头标出操作螺旋的转动方向。

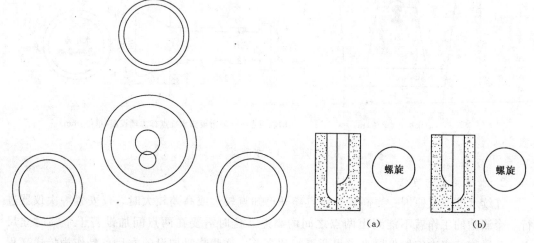

图 1-8　水准仪圆水准气泡的居中　　　　　图 1-9　水准仪水准管气泡的居中

实训二 闭合水准路线测高程

★学习任务

（1）熟练使用和操作水准仪。

（2）进行水准测量外业观测和内业计算。

※学习目标

（1）掌握普通水准测量闭合水准路线测高程的方法。

（2）能够正确地进行外业记录、计算和内业高程的计算。

▲仪器和工具准备

（1）1台水准仪，1个三脚架，2把水准尺，2个尺垫，1块记录板。

（2）自备：铅笔，草稿纸。

一、知识准备

1. 水准点

为了统一全国高程系统和满足科研、测图、国家建设的需要，测绘部门在全国各地埋设了许多固定的测量标志，并用水准测量的方法测定了它们的高程，这些标志称为水准点（bench mark），常用 *BM* 表示。水准点的埋设如图 2-1 所示。

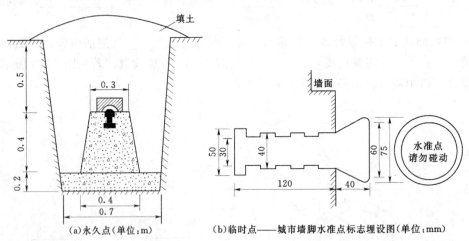

(a)永久点(单位:m)　　(b)临时点——城市墙脚水准点标志埋设图(单位:mm)

图 2-1　水准点

2. 水准测量的方法

连续水准测量原因：当高程待定点离开已知点较远或高差较大时，仅安置一次仪器进行一个测站的工作就不能测出两点之间的高差。这时需要在两点间加设若干个临时立尺点，分段连续多次安置仪器来求得两点间的高差。这些临时加设的立尺点是作为传递高程用的，称为转点，一般用 TP 表示。

在第一测站上的观测程序如下：

（1）安置仪器，使圆水准器气泡居中。

（2）照准后视（A 点）尺，并转动微倾螺旋使水准管气泡精确居中，用中丝读后视尺读数 $a_1=2.036$。记录员复诵后记入手簿。

（3）照准前视（即转点 TP_1）尺，精平，读前视尺读数 $b_1=1.547$。记录员复诵后记入手簿，并计算出 A 点与转点 TP_1 之间的高差：

$$h_1=2.036-1.547=+0.489$$

填入高差栏，水准测量手簿见表 2-1。

表 2-1   **闭合水准路线测量记录表**

线路名称：_____ 仪器型号：_____ 测量者：_____

记录者：_____ 时间：_____ 天气：_____ 组别：_____

测站	测点	水准尺读数		高差/m		高程/m	备注
		后视/mm	前视/mm	+	-		
1						95.823	
2							
3							
4							
5							A 点高程已知
6							
7							
校核计算	$\sum a=$	$\sum b=$		$\sum h=$		$H_{终}-H_{始}=$	
	$\sum a-\sum b=$						

观测要求：

（1）水准仪安置在离前、后视距离大致相等之处。

（2）为及时发现错误，通常采用"两次仪器高法"或"双面尺法"。

3. 闭合水准路线

从一已知高程水准点出发，经过各待测水准点进行水准测量，最后仍回到原已知高程水准点上，所构成的环形水准路线称为闭合水准路线，如图2-2所示。

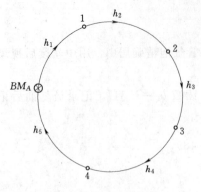

图2-2 闭合水准路线

4. 闭合水准路线检核

闭合水准路线高差闭合差计算：

$$f_h = \sum h_测$$

二、任务实施

利用已知水准路线（BM_1），布置闭合水准路线高程（测出图2-2中点1、2、3、4的高程）。

（一）操作步骤

（1）布置路线。每组确定起始点及水准路线的前进方向，例如从实训场地的某一水准点 BM_A 出发，经过待测点1、2、3、4并选定一条闭合水准路线。

注意事项：

1）起点和终点都是同一水准点。

2）路线必须经过待测目标点。

（2）在 BM_A 水准点和点1间安置水准仪，瞄准、精平，测高差 h_1。

观测程序：

1）后视立于水准点上的水准尺，瞄准，精平，读数。

2）前视立于第一点上的水准尺，瞄准，精平，读数。

3）改变水准仪高度（10cm以上），重新安置水准仪。

4）前视立于第一点上的水准尺，瞄准，精平，读数。

5）后视立于水准点上的水准尺，瞄准，精平，读数。

后继各测站观测程序相同。

（3）在点2和点1间安置水准仪，瞄准、精平，测高差 h_2。

（4）在点2和点3间安置水准仪，瞄准、精平，测高差 h_3。

（5）在点3和点4间安置水准仪，瞄准、精平，测高差 h_4。

（6）在点4和点 BM_A 间安置水准仪，瞄准、精平，测高差 h_5。

（7）校核并处理表2-1中的数据。

注意事项：

1）当水准仪瞄准、读数时，水准尺必须立直。尺子的左、右倾斜，观测者在望远镜中根据纵丝可以发现，而尺子的前后倾斜则不易发现，立尺者应注意。

2）正确使用尺垫，尺垫只能放在转点处，已知高程点和待求高程点上均不能放置尺垫。

3）同一测站，只能粗平一次（测站重测，需重新粗平仪器）；但每次读数前，均应检查水准管符合气泡是否居中，并注意消除视差。

4）每一测站，两次仪器高测得两个高差值之差不应大于±5mm（等外水准容许值），否则该测站应重测。

5）每一测站，通过上述测站检核，才能搬站；仪器未搬迁时，前、后视水准尺的立尺点如为尺垫，则均不得移动。仪器搬迁了，说明已通过测站检核，后视的立尺人才能携尺和尺垫前进至另一点；前视的立尺人仍不得移动尺垫，只是将尺面转向，由前视转变为后视。

（二）训练要求

（1）仪器的安置位置应保持前、后视距离大致相等。每次读数前应保证精平及消除视差。

（2）立尺员要立直水准尺。起点和待定点不能放尺垫，其间若需加设转点，转点可放尺垫。各测站读完后视读数未读前视读数仪器不能动；各测点读完前视读数未读后视读数，尺垫不能动。

三、水准测量注意事项

由于测量误差是不可避免的，我们无法完全消除其影响。但是可采取一定的措施减弱其影响，以提高测量成果的精度。同时应绝对避免在测量成果中存在错误，因此在进行水准测量时，应注意以下各点：

（1）观测前对所用仪器和工具，必须认真进行检验和校正。

（2）在野外测量过程中，水准仪及水准尺应尽量安置在坚实的地面上。三脚架和尺垫要踩实，以防仪器和尺子下沉。

（3）前、后视距离应尽量相等，以消除视准轴不平行于水准管轴的误差和地球曲率与大气折光的影响。

（4）前、后视距离不宜太长，一般不要超过 100m。视线高度应使上、中、下三丝都能在水准尺上读数以减少大气折光影响。

（5）水准尺必须扶直，不得倾斜。使用过程中，要经常检查和清除尺底泥土。塔尺衔接处要卡住，防止二、三节塔尺下滑。

（6）读完数后应再次检查气泡是否仍然吻合，如不吻合应重读。

（7）记录员要复诵读数，以便核对。记录要整洁、清楚端正。如果有错，不能用橡皮擦去，而应在改正处划一横，在旁边注上改正后的数字。

（8）在烈日下作业要撑伞遮住阳光，避免气泡因受热不均而影响其稳定性。

四、任务评价

任务评价见表 2-2。

表 2-2　　　　　　　　　　　　　　任 务 评 价

小组：_____　学号：_____　学生：_____　成绩：_____

工作项目		实训日期	计划学时
工作内容			
教学方法		任务驱动（理论＋实践）	
工作目标	知识	能力	素质
			认真、求实、合作精神
工作重点及难点			

续表

工作任务					
工作成果					
评价标准	A很积极主动，团队合作很好 B积极主动，团队合作好 C较积极主动，团队合作尚好 D不主动，合作尚好 E不主动，合作差	A内容全面，目标合理 B内容全面，目标较合理 C内容基本正确 D内容不正确 E无内容	A方法应用很正确 B方法正确 C方法基本正确 D方法不正确 E无方法	A形式美观，有特色 B形式美观 C形式合理 D形式尚合理 E形式不合理	综合
学生自评					
学生互评					
教师评价					
任务评价	学生自评（0.2）＋学生互评（0.3）＋教师评价（0.5）				
	A 90～100 B 80～89 C 70～79 D 60～69 E 60分以下				

思 考 题

1. 布置闭合水准路线有哪些注意事项？
2. 测量两点间高差时，放置水准仪有哪些注意事项？
3. 如果在测量时水准尺未摆正，读数会比实际读数_____。
4. 闭合水准路线高程允许误差的两种计算公式为_____和_____。
5. 什么是视差？产生视差的原因是什么？如何消除视差？

实训三　附合水准路线高程测量

★**学习任务**
　　(1) 熟练使用和操作水准仪。
　　(2) 进行水准测量外业观测和内业计算。

※**学习目标**
　　(1) 掌握普通水准测量附合水准路线高程测量的方法。
　　(2) 能够正确地进行外业记录、计算和内业高程的计算。

▲**仪器和工具准备**
　　(1) 1台水准仪，1个三脚架，2把水准尺，2个尺垫，1块记录板。
　　(2) 自备：铅笔，草稿纸。

一、知识准备

　　1. 附合水准路线

　　从一已知高程水准点出发，经过各待测水准点进行水准测量，最后附合到另一已知高程水准点所构成的水准路线，称为附合水准路线，如图3-1所示。附合水准路线常用于带状区域。

　　2. 附合水准路线检核

　　附合水准路线的高差闭合差计算。

　　对于附合水准路线，$\sum h_{理} = H_{终} - H_{始}$，因此

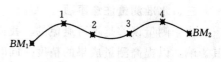

图 3-1　附合水准路线

$$f_h = \sum h_{测} - (H_{终} - H_{始})$$

二、任务实施

　　利用已知水准路线（BM_1、BM_2），布置附合水准路线高程（测出上图3-1中点1、2、3、4的高程）。

　　1. 操作步骤

　　(1) 布置路线。每组确定起始点及水准路线的前进方向，例如从实训场地的某一水准点 BM_1 出发，经过待测点1、2、3、4后附合到另一水准点 BM_2 构成附合水准路线。

　　注意事项：

　　1) 起点和终点都是已知水准点。

　　2) 路线必须经过待测目标点。

　　(2) 在 BM_1 水准点和点1间安置水准仪，瞄准、精平，测高差 h_1。

　　观测程序：

　　1) 后视立于水准点上的水准尺，瞄准，精平，读数。

2）前视立于第一点上的水准尺，瞄准，精平，读数。

3）改变水准仪高度（10cm 以上），重新安置水准仪。

4）前视立于第一点上的水准尺，瞄准，精平，读数。

5）后视立于水准点上的水准尺，瞄准，精平，读数。

后继各测站观测程序相同。

注意事项：

1）安置水准仪的测站，其到前、后视立尺点的距离应该进行量距并使用相等。

2）读数前应确保水准仪精平。

3）读数要精确到小数点后三位。

4）水准尺要扶正，不得倾斜。

（3）在点 2 和点 1 间安置水准仪，瞄准、精平，测高差 h_2。

（4）在点 2 和点 3 间安置水准仪，瞄准、精平，测高差 h_3。

（5）在点 3 和点 4 间安置水准仪，瞄准、精平，测高差 h_4。

（6）在点 4 和点 BM_2 间安置水准仪，瞄准、精平，测高差 h_5。

（7）校核并处理表 3 - 1 中的数据。

2．训练要求

（1）仪器的安置位置应保持前、后视距离大致相等。每次读数前应保证精平及消除视差。

（2）立尺员要立直水准尺。起点和待定点不能放尺垫，其间若需加设转点，转点可放尺垫。各测站读完后视读数未读前视读数仪器不能动；各测点读完前视读数未读后视读数，尺垫不能动。

三、水准测量注意事项

由于测量误差是不可避免的，我们无法完全消除其影响。但是可采取一定的措施减弱其影响，以提高测量成果的精度。同时应绝对避免在测量成果中存在错误，因此在进行水准测量时，应注意以下各点：

（1）观测前对所用仪器和工具，必须认真进行检验和校正。

（2）在野外测量过程中，水准仪及水准尺应尽量安置在坚实的地面上。三脚架和尺垫要踩实，以防仪器和尺子下沉。

（3）前、后视距离应尽量相等，以消除视准轴不平行水准管轴的误差和地球曲率与大气折光的影响。

（4）前、后视距离不宜太长，一般不要超过 100m。视线高度应使上、中、下三丝都能在水准尺上读数以减少大气折光影响。

（5）水准尺必须扶直，不得倾斜。使用过程中，要经常检查和清除尺底泥土。塔尺衔接处要卡住，防止二、三节塔尺下滑。

（6）读完数后应再次检查气泡是否仍然吻合，否则应重读。

（7）记录员要复诵读数，以便核对。记录要整洁、清楚端正。如果有错，不能用橡皮擦去，而应在改正处划一横，在旁边注上改正后的数字。

（8）在烈日下作业要撑伞遮住阳光，避免气泡因受热不均而影响其稳定性。

表 3-1 　　　　　　　　　　　　附合水准路线测量记录表

线路名称：＿＿＿＿＿　仪器型号：＿＿＿＿＿　测量者：＿＿＿＿＿

记录者：＿＿＿＿　时间：＿＿＿　天气：＿＿＿　组别：＿＿＿

测站	测点	水准尺读数		高差/m		高程/m	备注
		后视/mm	前视/mm	＋	－		
1						95.823	
2							
3							
4							
5							A点高程已知
6							
7							
校核计算	$\sum a=$		$\sum b=$	$\sum h=$		$H_{终}-H_{始}=$	
	$\sum a-\sum b=$						

四、任务评价

任务评价见表 3-2。

表 3-2 　　　　　　　　　　　　任 务 评 价

小组：＿＿＿　学号：＿＿＿　学生：＿＿＿　成绩：＿＿＿

工作项目		实训日期	计划学时
工作内容			
教学方法		任务驱动（理论＋实践）	
工作目标	知识	能力	素质
			认真、求实、合作精神

工作重点及难点					
工作任务					
工作成果					
评价标准	A 很积极主动，团队合作很好 B 积极主动，团队合作好 C 较积极主动，团队合作尚好 D 不主动，合作尚好 E 不主动，合作差	A 内容全面，目标合理 B 内容全面，目标较合理 C 内容基本正确 D 内容不正确 E 无内容	A 方法应用很正确 B 方法正确 C 方法基本正确 D 方法不正确 E 无方法	A 形式美观，有特色 B 形式美观 C 形式合理 D 形式尚合理 E 形式不合理	综合
学生自评					
学生互评					
教师评价					
任务评价	学生自评（0.2）＋学生互评（0.3）＋教师评价（0.5）				
	A 90～100 B 80～89 C 70～79 D 60～69 E 60 分以下				

思 考 题

1. 布置附合水准路线有哪些注意事项？
2. 什么是转点？转点的作用是什么？
3. 什么是高差闭合差？
4. 附合水准路线高程允许误差的两种计算公式为＿＿＿＿＿和＿＿＿＿＿。

实训四 水准仪的检验与校正

★**学习任务**

（1）了解水准仪的主要轴线及它们之间就满足的几何关系。

（2）掌握水准仪检验与校正的方法。

※**学习目标**

掌握微倾式水准仪的检验与校正方法。

▲**仪器和工具准备**

（1）1台水准仪，1个三脚架，2把水准尺，1块记录板，1把小改锥，1根校正针。

（2）自备：铅笔，草稿纸。

一、知识准备

1. 水准仪的几何轴线

如图4-1所示，水准仪的主要几何轴线有望远镜的视准轴（CC）、水准管轴（LL）、仪器竖轴（VV）和圆水准器轴（$L'L'$）。

2. 水准仪应满足的主要条件

（1）水准管轴应与望远镜的视准轴平等（$LL /\!/ CC$）。

（2）望远镜的视准轴不因调焦而变动位置。

3. 水准仪应满足的次要条件

（1）圆水准器轴应平行于仪器竖轴（$L'L' /\!/ VV$）。

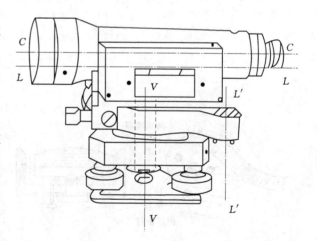

图4-1 水准仪几何轴线关系

（2）十字丝横丝应垂直于仪器竖轴（横丝$\perp VV$）。

二、任务实施

（一）圆水准器轴平行于仪器竖轴的检验与校正

1. 检验方法

将仪器安置于脚架上，转动脚螺旋使圆水准气泡居中，然后将望远镜在水平方向旋转180°，此时若气泡不居中，偏于一边，说明圆水准器轴不平行于仪器竖轴，需要校正。其校正原理示意图如图4-2所示。

2. 校正方法

（1）转动脚螺旋使气泡向中间移动偏离量的一半。

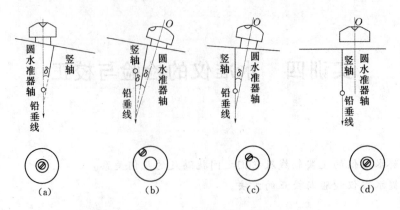

图 4-2 圆水准器校正原理

（2）用校正针拨动圆水准器底下的三个校正螺旋（图 4-3），使气泡达到完全居中的位置。

（3）检验和校正反复进行，直至仪器转至任何位置气泡始终居中为止，此时，$L'L' /\!/ VV$ 的条件得到满足。

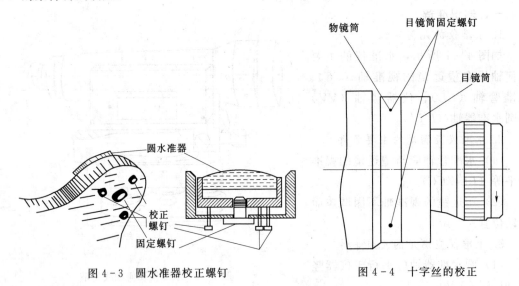

图 4-3 圆水准器校正螺钉　　　　　图 4-4 十字丝的校正

（二）十字丝横丝垂直于仪器竖轴的检验与校正

1. 检验方法

（1）整平仪器后，用横丝的一端瞄准墙上一固定点，转动水平微动螺旋，如果点离开横丝，表示横丝不水平，需要校正；如果点始终在横丝上移动，则表示横丝水平。

（2）挂垂球的方法：观察十字丝竖丝是否与垂球线重合，如重合说明横丝水平。

2. 校正方法

用螺丝刀松开十字丝环的校正螺丝，拨正十字丝环。或需要卸下目镜处的外罩，用螺丝刀松开四个十字丝的固定螺丝，然后拨正十字丝环。最后再旋紧校正螺丝，此项检校也须反复进行，直到条件满足为止。十字丝的校正如图 4-4 所示。

（三）水准管轴平行于视准轴的检验与校正

1. 检验方法

（1）选取相距约 80～100m 的 A、B 两点，各打一木桩，竖立水准尺，先将水准仪安置在离两点等距离处，测出正确高差 h_{AB}。

（2）再将水准仪搬到离 A 或 B 点约 3～5m 处，再测高差 h'_{AB}。

若 $h_{AB}=h'_{AB}$，则表明水准管轴平行视准轴，即 i 角为零；若 $h_{AB}\neq h'_{AB}$，则两轴不平行，需要校正。i 角验校原理如图 4-5 所示。

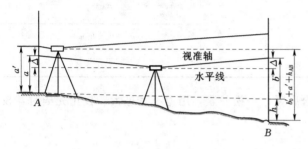

图 4-5　i 角验校原理

2. 校正方法

（1）在 AB 两点中点 C 点处安置仪器，用改变仪器高法测得 A、B 两点高差 h_{AB}（注：高差之差 h_1-h_2 $\leqslant\pm3mm$，A、B 尺读数分别为 a_1、a'_1、b_1、b'_1）。

（2）将仪器搬至 B 点附近（距 B 点 3～5m 处）安置仪器整平，瞄准 B 点水准尺精平后读数 b_2 记录。

（3）根据高差 h_{AB} 计算 A 点水准尺读数 $a_2=b_2+h_{AB}$。

（4）转到望远镜瞄准 A 点水准尺精平后读数 a'_2 并记录，此时 $a'_2\neq a_2$。

（5）转动微倾螺旋，使 A 尺读数从 a'_2 调到 a_2，此时视准轴水平了，但气泡不居中了。

（6）拨动水准管一端的上下两个校正螺丝，先松后紧，使水准管气泡居中，此时水准管轴也在水平位置，于是水准管与视准轴就平行了。

（7）此项工作要反复进行几次，直至检验 A 尺的读数与计算值之差不大于 3～5mm 为止。

（四）训练要求

（1）仪器的检验与校正应反复进行，以确保仪器轴线满足要求。

（2）检校水准仪时必须按上述的规定顺序进行，不能颠倒。检验与校正记录见表 4-1。

表 4-1　　　　　　　　　　　　水准仪的检验与校正

仪器型号：_____　　　　检测者：_____

记录者：_____　　时间：_____　　天气：_____　　组别：_____

检验项目	检验与校正经过	
	略　图	观测数据及说明
圆水准器轴平行于仪器竖轴		
横丝垂直于竖轴		

检验项目	检验与校正经过	
	略 图	观测数据及说明
水准管轴平行于视准轴		$a_1=$ $\qquad$ $a'_1=$ $b_1=$ $\qquad$ $b'_1=$
		$h_1=$ $\qquad$ $h'_1=$ $h_1-h'_1=$ $\qquad$ $h_{AB}=$
		$b_2=$ $\qquad$ $a_2=b_2+h_{AB}=$ $a'_2=$ $\qquad$ $i=\dfrac{a'_2-a_2}{D_{AB}}\rho=$

（3）拨动校正螺丝时，一律要先松后紧，一松一紧，用力不宜过大，校正完毕时，校正螺丝不能松动，应处于稍紧状态。

三、水准仪检测注意事项

（1）圆水准气泡校正时，校正位置应是偏移位置的一半。

（2）视准轴校正时，第一步一定要将仪器安置 A、B 两点的中点处，要用钢尺量取，确定安置仪器的点位。

四、任务评价

任务评价见表 4-2。

表 4-2 　　　　　　　 任 务 评 价

　　　　小组：_____　学号：_____　　学生：_____　　成绩：_____

工作项目		实训日期		计划学时	
工作内容					
教学方法	任务驱动（理论＋实践）				
工作目标	知识	能力		素质	
				认真、求实、合作精神	
工作重点及难点					
工作任务					
工作成果					

续表

评价标准	A很积极主动，团对合作很好　B积极主动，团对合作好　C较积极主动，团对合作尚好　D不主动，合作尚好　E不主动，合作差	A内容全面，目标合理　B内容全面，目标较合理　C内容基本正确　D内容不正确　E无内容	A方法应用很正确　B方法正确　C方法基本正确　D方法不正确　E无方法	A形式美观，有特色　B形式美观　C形式合理　D形式尚合理　E形式不合理	综合
学生自评					
学生互评					
教师评价					
任务评价	学生自评（0.2）＋学生互评（0.3）＋教师评价（0.5）				
	A 90～100　　　B 80～89　　　C 70～79　　　D 60～69　　　E 60分以下				

思　考　题

1. 水准仪有哪些几何轴线？它们之间应满足哪些条件？
2. 如何确定圆水准器轴不平行于仪器竖轴？
3. 如何确定十字丝横丝不垂直于仪器竖轴？
4. 如何检测水准管轴不平行于视准轴？

实训五　经纬仪的基本操作（安置仪器、读数）

★学习任务

（1）认识和了解经纬仪的结构及各部分旋钮的作用。

（2）熟练掌握经纬仪的安置及操作并且会读数。

※学习目标

（1）掌握经纬仪的安置方法和要领。

（2）能够正确地读出瞄准某个方向的度盘读数。

▲仪器和工具准备

（1）1台经纬仪，1个三脚架，2根花杆，1块记录板。

（2）自备：铅笔，草稿纸。

一、知识准备

（一）经纬仪的构造

经纬仪包括照准部、水平度盘和基座三个部分，每个部分又由多个部件组成，其内容如下：

1. 照准部

照准部主要部件由望远镜、管水准器、竖直度盘、读数设备等组成。

望远镜由物镜、目镜、十字丝分划板、调焦透镜组成。其主要作用是照准目标，望远镜与横轴固连在一起，由望远镜制动螺旋和微动螺旋控制其做上下转动。照准部可绕竖轴在水平方向转动，由照准部制动螺旋和微动螺旋控制其水平转动。照准部长水准管用于精确整平仪器。

竖直度盘是为了测竖直角设置的，可随望远镜一起转动。另设竖盘指标自动补偿器装置和开关，借助自动补偿器使读数指标处于正确位置。

读数设备是通过一系列光学棱镜将水平度盘和竖直度盘及测微器的分划都显示在读数显微镜内，通过仪器反光镜将光线反射到仪器内部，以便读取度盘读数。

另外为了能将竖轴中心线安置在过测站点的铅垂线上，在经纬仪上都设有对点装置。一般光学经纬仪都设置有垂球对点装置或光学对点装置。垂球对点装置是在中心螺旋下面装有垂球挂钩，将垂球挂在钩上即可；光学对点装置是通过安装在旋转轴中心的转向棱镜，将地面点成像在对点分划板上，通过对中目镜放大，同时看到地面点和对点分划板的影像，若地面点位于对点分划板刻划中心，并且水准管气泡居中，则说明仪器中心与地面点位于同一铅垂线上。

2. 水平度盘

水平度盘是一个光学玻璃圆环，圆环上按顺时针刻划注记0°～360°分划线，主要用来测量水平角。

3. 基座

主要由轴座、圆水准器、脚螺旋和连接板组成，基座是支承仪器的底座，照准部同水平度盘一起插入轴座，用固定螺丝固定。圆水准器用于粗略整平仪器，三个脚螺旋用于整平仪器，从而使竖轴竖直，水平度盘水平。连接板用于将仪器稳固的连接在三脚架上。DJ₂ 和 DJ₆ 相比，增加了测微轮——用于读数时，对径分划线影像符合；换像手轮——用于水平读数和竖直读数间的互换；竖直读盘反光镜——竖直读数时反光。

（二）经纬仪的读数

1. DJ₆ 读数方法

DJ₆ 经纬仪采用分微尺读数，如图 5-1 所示，6″级光学经纬仪一般采用分微尺读数。在读数显微镜内，可以同时看到水平度盘和竖直度盘的像（图 5-1）。注有"H"字样的是水平度盘，注有"V"字样的是竖直度盘，在水平度盘和竖直度盘上，相邻两分划线间的弧长所对的圆心角称为度盘的分划值。DJ₆″经纬仪分划值为 1°，按顺时针方向每度注有度数，小于 1°的读数在分微尺上读取。读数窗内的分微尺有 60 小格，其长度等于度盘上间隔为 1°的两根分划线在读数窗中的影像长度。因此，测微尺上一小格的分划值为 1′，可估读到 0.1′，分微尺上的零分划线为读数指标线。

读数方法：瞄准目标后，将反光镜掀开，使读数显微镜内光线适中，然后转动、调节读数窗口的目镜调焦螺旋，使分划线清晰，并消除视差，直接读取度盘分划线注记读数及分微尺上 0 指标线到度盘分划线读数，两数相加，即得该目标方向的度盘读数，采用分微尺读数方法简单、直观。如图 5-2 所示，水平盘读数为 125°13′12″。

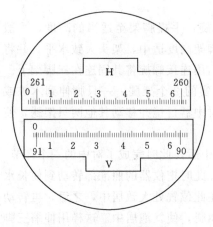

图 5-1　望远镜读数窗

图 5-2　水平读盘分微尺读数

2. DJ₂ 光学经纬仪的读数方法

在 DJ₂ 光学经纬仪的读数窗内一次只能看到一个度盘的影像。读数时，可通过转动换像手轮，转换所需要的度盘影像，以免读错度盘。当手轮面上的刻线处于水平位置时，显示水平度盘影像，当刻线处于竖直位置时，显示竖直度盘影像。有的经纬仪采用数字式读数装置使读数简化，如图 5-3 所示，上窗数字为度数，读数窗上突出小方框中所注数字为整 10′，中间的小窗为分划线符合窗，下方的小窗为测微器读数窗，读数时瞄准目标后，转动测微轮使度盘对径分划线重合，度数由上窗读取，整 $10'$ 数由小方框中数字读取，小于 $10'$ 的由下方小窗中读取，如图 5-3 所示，读数为 $37°26'13.4''$。

有的仪器采用对径重合读数法即转动测微轮读数。读数前，应使上下分划线精确重合后读数。度数由上部的最小数读取。分数查读上下对径数字相差 $180°$ 的之间的整格数即为分的读数，左侧的测微轮显示分和秒的读数。两部分数字相加，即是最终的读数。如图 5-4 所示，读数为 $30°23'53.4''$

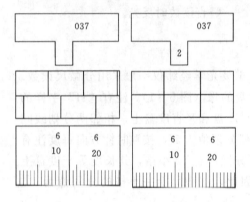

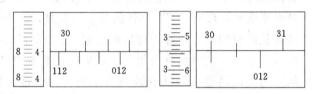

图 5-3 TDJE2 数字化读数　　　　　　图 5-4 苏一光 JGJ2 符合读数法视场

二、任务实施

（一）操作步骤

1. 经纬仪的对中及整平

（1）初步对中整平。

1）安置仪器。打开三脚架，旋开脚架上的支腿螺旋，手提脚架至适当的高度，一般与自己的眉间齐平，之后将脚架安置在测站上，使三脚架高度适中，架头大致水平。并将架脚的一个脚尖踩入土中。然后把经纬仪从箱中取出，用连接螺旋将其固连在三脚架上。

2）用光学对中器对中。用两手提起其中的没有踩实的 2 个架腿，一只脚伸到木桩或地面的点位标志之处，便于寻找目标点的标志。目视对中器目镜并移动其他两只架腿，使镜中小圆圈对准地面点，并使影像清晰。

3）伸缩架腿粗平。初次用移动脚架找到目标并对中后，此时完成了对中的一个环节。但是从圆水准器和长水准器上看出仪器并未精确水平，此时把仪器的照准部转动到使长水准管对准一个架腿的位置，通过脚架的伸缩，使气泡在此位置处大致居中，之后，再转动照准部至另一个与此次方向垂直的位置，再行调整脚架腿，使气泡居中。这样用伸缩三脚架腿的方法使圆水准器气泡居中，达到仪器的初步的对中及粗平。此法不会造成目标的偏离。

（2）旋动脚螺旋精平与对中。通过脚架的伸缩环节的粗平，此时离气泡精确居中的偏差很小，这时可以用调整脚螺旋的方法，进行精平与精确对中，如图 5-5 所示。松开照准部制动螺旋，转动照准部，使水准管平行于任意一对脚螺旋的连线，两手同时反向转动这对脚螺旋，使气泡居中；将照准部旋转 $90°$，转动第三只脚螺旋，使气泡居中。以上步骤反复 1～2 次，使照准部转到任何位置时水准管气泡的偏离不超过 1 格为止。此时若光学对中器的中心与地面点又有偏离，稍松连接螺旋，在架头上平移仪器，使光学对中器的中心准确对准测站点，最后旋紧连接螺旋。对中和整平一般需要几次循环过程，直至对中和整平均满足要求为止。

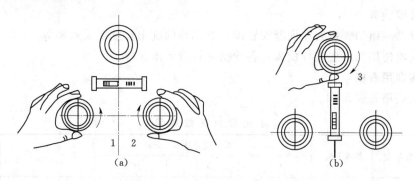

图 5 - 5　脚螺旋精平与对中

2. 瞄准目标

（1）转动照准部，使望远镜对向明亮处，转动目镜对光螺旋，使十字丝清晰。

（2）松开照准部制动螺旋，用望远镜上的粗瞄准器对准目标，使其位于视场内，固定望远镜制动螺旋和照准部制动螺旋。

（3）转动物镜对光螺旋，使目标影像清晰；旋转望远镜微动螺旋，使目标像的高低适中；旋转照准部水平微动螺旋，精确对准目标，使目标像被十字丝的单根竖丝平分，或被双根竖丝夹在中间。

（4）眼睛微微左右移动，检查有无视差，如果有，转动物镜对光螺旋予以消除。

3. 读数

（1）调节反光镜的位置，使读数窗亮度适当。

（2）转动读数显微镜目镜对光螺旋，使度盘分划清晰。注意区别水平度盘与竖直度盘读数窗。

（3）根据仪器的型号，采用相应的方法，读取读数，如果是 DJ₆ 经纬仪，读取位于分微尺中间的度盘刻划线注记度数，从分微尺上读取该刻划线所在位置的分数，估读至 0.1′（即 6″ 的整倍数）。如果是 DJ₂ 经纬仪，则转动测微轮，使上下 2 个对径度盘刻线重合后读数，秒位读数精确至小数。

先用盘左位置瞄准目标，读出水平度盘读数。然后，纵转望远镜，盘右位置再瞄准该目标，两次读数之差约为 180°，以此检核瞄准和读数是否正确。

（二）训练要求

（1）仪器的安置高度不要过高或过低，应当与自己的身高相适应。

（2）严格按照实训前教师叙述的操作或演示的步骤进行。

（3）仪器安置后，对中和整平两项均必须满足要求，即仪器既要精确平整，地面的目标又要严格居中。

（4）读数前要用单丝平分（目标近）或双丝夹取（目标远）目标，并且瞄准花杆的底部。

三、经纬仪操作注意事项

(1) 仪器往脚架上安置时,不要让仪器和架头撞击或磕碰,要轻触慢放。

(2) 仪器的各部旋钮的旋转不要快,要均匀用力,同时要体验其力度,旋紧要适当而止,不要过度旋紧。

(3) 仪器基座的脚螺旋在仪器安置前,脚螺旋的旋出长度要大致相等。

(4) 仪器使用前,要进行检验,各项指标符合要求。

四、实训用表格

实训用表格见表 5-1。

表 5-1 　　　　　　　　　　　　水 平 度 盘 读 数 练 习

测站	竖盘位置	照准目标	水平度盘读数			水平角 /(°′″)	备注
			(°)	(′)	(″)		

五、任务评价

任务评价见表 5-2。

表 5-2 　　　　　　　　**任 务 评 价**

小组：_____　　学号：_____　　学生：_____　　成绩：_____

工作项目		实训日期	计划学时	
工作内容				
教学方法		任务驱动（理论＋实践）		
工作目标	知识	能力	素质	
	1. 盘左、盘右的概念； 2. 照准部、视准轴概念； 3. 方向读数和角度的区别	1. 掌握仪器的构造及各部名称； 2. 熟练安置仪器，对中及整平合格； 3. 会读数并正确记录； 4. 利用表格进行角度计算	认真、求实、合作精神	
工作重点及难点		三角高程测量的实施		
工作任务	1. 工具及仪器的准备； 2. 实训场地的熟悉； 3. 小组分工	1. 掌握操作要领及注意事项； 2. 明确工作目标	表格数据的填入及成果计算	1. 成果分析及整理； 2. 完成任务
工作成果	1. 小组配合，完成仪器的安置； 2. 人员责任分工	1. 说出各部旋钮的名称及功能； 2. 操作合理	1. 数据填写； 2. 实习报告的撰写	1. 计算成果表； 2. 实习报告的提交
评价标准	A 很积极主动，团队合作很好 B 积极主动，团队合作好 C 较积极主动，团队合作尚好 D 不主动，合作尚好 E 不主动，合作差	A 内容全面，目标合理 B 内容全面，目标较合理 C 内容基本正确 D 内容不正确 E 无内容	A 方法应用很正确 B 方法正确 C 方法基本正确 D 方法不正确 E 无方法	A 形式美观，有特色 B 形式美观 C 形式合理 D 形式尚合理 E 形式不合理
				综合
学生自评				
学生互评				
教师评价				
任务评价		学生自评（0.2）＋学生互评（0.3）＋教师评价（0.5）		
	A 90～100　　B 80～89　　C 70～79　　D 60～69　　E 60 分以下			

思 考 题

1. 经纬仪由哪几个主要部分组成，它们各起什么作用？
2. 经纬仪的安置为什么包括对中和整平？
3. 经纬仪有哪些主要轴线？规范规定它们之间应满足哪些条件？

实训六 水平角的观测与数据处理

★学习任务

（1）完成两个方向线的水平投影之间夹角的测量。

（2）利用测得的数据计算角度值。

※学习目标

（1）掌握水平角的测量方法及实测过程。

（2）能够正确地计算出角度值。

▲仪器和工具准备

（1）1台经纬仪，1个三脚架，2根花杆或测钎，1块记录板。

（2）自备：铅笔，草稿纸。

一、知识准备

1. 水平角测量原理

从一点出发的两条空间直线在水平面上投影的夹角即二面角，称为水平角。其范围：顺时针 $0°\sim360°$。如图 6-1 所示水平角 $\angle AOB = \beta$。

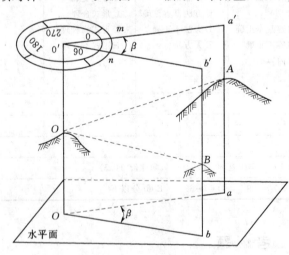

图 6-1 水平角测量原理图

测角仪器用来测量角度的必要条件如下：

（1）仪器的中心必须位于角顶的铅垂线上。

（2）照准部设备（望远镜）要能上下、左右转动，上下转动时所形成的是竖直面。

（3）要具有一个有刻划的度盘，并能安置成水平位置。

（4）要有读数设备，读取投影方向的读数。

2. 常用的测量方法

水平角的测量方法有测回法和方向观测法（全圆测回法）。其使用场合是：当测定 2 个方向线的夹角时用测回法；当测定 3 个以上方向线的夹角时用全圆法即方向法。

3. 测回法

测回法适用于在一个测站有两个观测方向的水平角观测，如图 6-2 所示，设要观测的水平角为∠AOB，先在目标点 A、B 设置观测标志，在测站点 O 安置经纬仪，然后分别瞄准 A、B 两目标点进行读数，水平度盘两个读数之差即为要测的水平角。

为了消除水平角观测中的某些误差，通常对同一角度要进行盘左盘右两个盘位观测（观测者对着望远镜目镜时，竖盘位于望远镜左侧，称盘左又称正镜，当竖盘位于望远镜右侧时，称盘右又称倒镜），盘左位置观测，称为上半测回。盘右位置观测，称为下半测回，上下两个半测回合称为一个测回。

4. 方向观测法

当一个测站有 3 个或 3 个以上的观测方向时，应采用方向观测法进行水平角观测，方向观测法是以所选定的起始方向（零方向）开始，依次观测各方向相对于起始方向的水平角值，也称方向值。两任意方向值之差，就是这两个方向之间的水平角值，如图 6-3 所示。

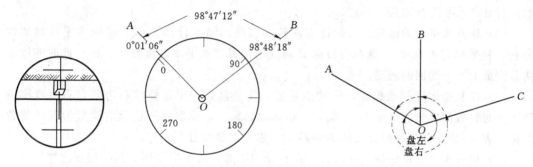

图 6-2　经纬仪瞄准目标及测回法观测水平角　　　　图 6-3　方向观测法

若测站方向数超过 6 个时，应分组进行观测。分组观测时应包括两个共同方向，其中一个为共同零方向。其两组共同方向观测角之差，不应大于同等级测角中误差的两倍。采用方向观测法其主要技术要求应符合表 6-1 的规定。

表 6-1　　　　　　　　　　　　　　　水平角方向观测法技术要求

等级	经仪型号	光学测微器两次重合读数差 /(″)	两次照准读数差 /(″)	半测回归零差 /(″)	一测回中 2c 较差 /(″)	同方向值各测回互差 /(″)
二、三、四	DJ$_1$	1	4	6	9	6
	DJ$_2$	3	6	8	13	9
五	DJ$_2$	3	6	8	13	9
	DJ$_6$	—	12	18	—	24

注　当观测方向的垂直角大于 ±3° 时，该方向的 2c 较差，按相邻测回同方向进行比较，其差值仍应符合表 6-1 规定。

水平角观测误差超过表 6-1 要求时，应在原来度盘位置上进行重测，并符合下列规定：

（1）上半测回归零差或零方向 2c 超限，该测回应立即重测，但不计重测测回数。

（2）同测回 2c 较差或各测回同一方向值较差超限，可重测超限方向（应连测原零方向）。一个测回中，重测方向数超过测站方向总数的 1/3 时，该测回应重测。

（3）因测错方向、读错、记错、气泡中心位置偏移超过一格或个别方向临时被挡，均可随时进行重测。

（4）重测必须在全部测回数测完后进行。当重测测回数超过该站测回总数的 1/3 时，该站应全部重测。

二、任务实施

（一）测回法

1. 操作步骤

（1）安置仪器于测站点 O 上，对中、整平。

（2）使仪器竖盘处于望远镜的左边即盘左（或称正镜），照准目标 A，按照置数的方法，将仪器置零，读取水平度盘读数为 a_1，将数值记入表 6-2 盘左与目标交叉栏 A 对应的位置处"水平度盘读数"一栏。

（3）松开水平制动螺旋，顺时针方向转动照准部瞄准目标 B 点，读取水平度盘读数为 b_1，将数据记入表 6-2 盘左与目标 B 对应的位置"水平度盘读数"一栏；此时的以上两步完成上半个测回的观测。

（4）松开望远镜制动螺旋，纵转望远镜，便竖盘处于望远镜的右边即盘右（或称倒镜）逆时针方向旋转照准部 $1\sim2$ 周后，精确照目标 B，读取水平度盘的读数为 b_2，将数据记入表 6-2 盘右与目标交叉的 B 对应的"水平度盘读数"一栏。

（5）松开水平制动螺旋，逆时针方向转动照准部，按上半测回观测的相反次序依次逆时针转动照准部，照准目标 A，读取水平度盘读数为 a_2，将数据记入表 6-2 盘右 A 目标水平读数一栏；此时完成下半个测回观测。

测回法的限差规定：一是两个半测回角值较差；二是各测回角值较差。对于精度要求不同的水平角，有不同的规定限差。当要求提高测角精度时，往往要观测 n 个测回，取 n 个测回的平均值，作为最终的成果值。

每个测回可按变动值概略公式的差数改变度盘起始读数 $180/n$，其中 n 为测回数，例如测回数 $n=4$，则各测回的起始方向读数应等于或略大于 0、45、90、135，目的是为了减弱度盘刻划不均匀造成的误差。

2. 数据处理

（1）计算上半个测回的角值。根据填入表格的数据，进行上半个测回角值的计算，即将表格中的盘位左对应的目标栏中的 B 栏所对应的数值减去 A 栏所对应的数值，即得到上半个测回的角值 $\beta_{左}$。计算公式如下：

$$\beta_{左}=b_1-a_1 \tag{6-1}$$

（2）计算下半个测回的角值。同理，根据填入表格的数据，计算下半个测回的角值，即将表格中的盘位右对应的目标栏中的 B 栏所对应的数值减去 A 栏所对应的数值，即得到上半个测回的角值 $\beta_{右}$。在计算盘右的角值时，如果发现 B 栏的读数小于 A 栏的读数时，应将 B 栏的读数加上 $360°$ 之后，再减去 A 栏的数值，公式如下：

$$\beta_{右}=b_2-a_2 \tag{6-2}$$

（3）计算一个测回的角值。将上、下两个半测回合称为一个测回。取盘左、盘右所得角值的算术平均值作为该角的一测回角值，即

$$\beta=\frac{\beta_{左}+\beta_{右}}{2} \tag{6-3}$$

【例 6-1】　表 6-2 为水平角测回法测角实例，表格填写及数据计算如表所列。

表 6-2　　　　　　　　　　　　　水平角观测记录（测回法）

测站	盘位	目标	水平度盘读数 /(° ′ ″)	水平角		备注
				半测回角值 /(° ′ ″)	一测回角值 /(° ′ ″)	
B	左	A	00　12　00	91　33　00	91　33　15	A B C
		C	91　45　00			
	右	A	180　11　30	91　33　30		
		C	271　45　00			
	左					
	右					

如果测多个测回，则还要计算各测回平均角值。

（二）方向观测法

1. 操作步骤

（1）在测站 O 安置经纬仪，对中、整平后。选定一个成像清晰的目标如 A 作为零方向。

（2）盘左位置照准 A 点的标志，按照置数方法，使水平度盘读数略大于 0°，瞄准起始目标 A，读取水平度盘读数并记入观测手簿；顺时针方向转动照准部，依次瞄准 B、C、A 各目标，分别读取水平度盘读数并记入观测手簿，检查半测回归零差是否超限。

（3）盘右位置，纵转望远镜，成盘右位置，逆时针方向依次瞄准 A、C、B 和 A，分别读取水平度盘读数并记入观测手簿，完成下半个测回的测量。检查半测回归零差是否超限。

如果需要观测多个测回时，各测回间应按变换度盘位置。水平方向观测应使各测回读数均匀地分配在度盘和测微器的不同位置上，各测回间应将度盘位置变换一个角度 δ，计算公式如下：

$$\delta=\frac{180°}{m}(j-1)+i(j-1)+\frac{w}{m}\left(j-\frac{1}{2}\right) \tag{6-4}$$

式中　m——测回数；

　　　j——测回序号（$j=1,2,\cdots,m$）；

i——水平度盘最小间隔分划值，$DJ_1 = 4'$，$DJ_2 = 10'$；

w——测微盘分格数值，DJ_1 型为 60 格，DJ_2 型为 $600'$。

（4）第二次观测时，起始方向的水平度盘读数，安置在 90°的右边，同法观测第二测回。各测回同一方向归零方向值的互差不超过 $\pm 24''$。

2. 数据处理

根据测量所得的数据，填入表 6-3 中，进行相关的计算，计算内容如下：

（1）半测回归零差即 $2c$ 值的计算。每半测回零方向有两个读数，它们的差值称归零差。如表 6-3 中第一测回上下半测回归零差分别为 $\Delta_左 = 06'' - 24'' = -18''$；对照表 6-4 中限差值不超限。

（2）平均读数的计算。平均读数为盘左读数与盘右读数 $\pm 180°$ 之和的平均值。表 6-3 第 7 栏中零方向有两个平均值，取这两个平均值的中数记在第 6 栏上方，并加括号。如第一测回括号内的值为 $\frac{1}{2} \times (00°01'15'' + 00°01'13'') = 00°01'14''$。其他各方向的方向平均读数计算方法计算。例如 B 方向测平均读数为：$\frac{1}{2} \times [69°20'30'' + (249°20'24'' - 180°)] = 69°20'27''$，填入第 7 栏。

（3）归零方向值的计算。表 6-3 第 8 栏中各值的计算，是用第 7 栏中各方向值减去零方向括号内之值。例如：第一测回方向 B 的归零方向值为 $69°20'30'' - 00°01'14'' = 69°20'27''$。如果在一个测站进行多个测回的观测，则按规定测回数测完后，应比较同一方向各测回归零后方向值，检查其较差是否超限，如不超限，则取个测回同一方向值的中数记入表 6-3 中第 9 栏。第 8 栏中相邻两方向值之差即为该方向线之间的水平角，记入表 6-3 中第 10 栏。

表 6-3　　　　　　　　　　水平角观测记录（方向观测法）

组别：_____　　　　　　　仪器号码：_____　　　　　　　年　　月　　日

| 测站 | 测回 | 目标 | 水平度盘读数 | | $2c/$ ('') | 平均读数/ (° ′ ″) | 归零后的方向值/ (° ′ ″) | 各测回归零方向值平均值/ (° ′ ″) | 角值/ (° ′ ″) | 备注 |
			盘左/ (° ′ ″)	盘右/ (° ′ ″)						
1	2	3	4	5	6	7	8	9	10	11
M	1	A	00 01 06	180 01 24	−18	(00 01 14) 00 01 15	00 00 00		69 19 13	
		B	69 20 30	249 20 24	+6	69 20 27	69 19 13			
		C	124 51 24	304 51 30	−6	124 51 27	124 50 13		55 31 00	
		A	00 01 12	180 01 18	−6	00 01 13				

一个测回观测完成后，应及时进行计算，并对照检查各项限差，如有超限，应进行重测。水平角观测各项限差要求见表 6-4。

（4）计算夹角。相邻两个方向归零后的方向值之差即可计算出夹角。即由第 8 栏的相邻两个数值相减，记得夹角的值，填入第 9 栏中。

表 6-4　　　　　　　　　　　　　水平角观测各项限差

项　　目	DJ₂ 型	DJ₆ 型
半测回归零差	$12''$	$24''$
同一测回 $2c$ 变动范围	$18''$	
各测回同一归零方向值较差	$12''$	$24''$

水平方向观测应使各测回读数均匀地分配在度盘和测微器的不同位置上，各测回间应将度盘位置变换一个角度 δ，计算公式如下：

$$\delta = \frac{180°}{m}(j-1) + i(j-1) + \frac{w}{m}\left(j - \frac{1}{2}\right) \tag{6-5}$$

上式中各变量意义同式（6-4）。

3. 训练要求

（1）必须熟练掌握测回法、方向观测法测量水平角的操作方法、记录和计算。

（2）每位同学对同一角度观测一个测回，上、下半测回角值之差不超过 $\pm 40''$。

（3）在地面上选择四点组成四边形，所测四边形的内角之和与 360° 之差不超过 $\pm 60''\sqrt{4} = 120''$。

（4）方向观测法的半测回归零差不得超过 $\pm 18''$。

（5）各测回方向值互差不得超过 $\pm 24''$。

（6）记录的数字书写要清楚。

观测手簿的记录、检查和观测数据的划改，应遵守下列规定：

1）水平角观测的秒值读、记错误，应重新观测，度分读、记错误可在现场更正。但同一方向盘左、盘右不得同时更改相关数字。

2）水平角观测中，分的读数在各测回中不得连环更改。

三、水平角观测注意事项

（1）目标不能瞄错，并尽量瞄准目标下端。

（2）观测后要立即计算角值，如果超限，应重测。

（3）应选择远近适中，易于瞄准的清晰目标作为起始方向。

（4）如果方向数只有 3 个时，可以不归零。

（5）对于短边，观测读数时要精心、细致、准确。

四、实训表格

实训表格见表 6-5 和表 6-6。

五、任务评价

任务评价见表 6-7。

表 6 - 5 　　　　　　　　　　　水平角观测记录（测回法）

仪器型号：＿＿＿＿＿＿　观测日期：＿＿＿＿＿＿　观测：＿＿＿＿＿＿　计算：＿＿＿＿＿＿

仪器编号：＿＿＿＿＿＿　天　　气：＿＿＿＿＿＿　记录：＿＿＿＿＿＿　复核：＿＿＿＿＿＿

测站	盘位	目标	水平度盘读数/（° ′ ″）	水平角		备注
				半测回角值/（° ′ ″）	一测回角值/（° ′ ″）	
	左					
	右					
	左					
	右					
	左					
	右					
	左					
	右					
	左					
	右					
	左					
	右					

表 6-6　　　　　　　　　　　　方向观测法记录手簿

仪器型号：_____　　观测日期：_____　　观测：_____　　计算：_____

仪器编号：_____　　天　　气：_____　　记录：_____　　复核：_____

测站	测回	目标	水平度盘读数		2c/ ("")	平均读数/ (° ′ ″)	归零后的 方向值/ (° ′ ″)	各测回归零方向 值平均值/ (° ′ ″)	角值/ (° ′ ″)	备注
			盘左/ (° ′ ″)	盘右/ (° ′ ″)						
1	2	3	4	5	6	7	8	9	10	11

表 6 - 7 　　　　　　　　　**任 务 评 价**

小组：_____　学号：_____　学生：_____　成绩：_____

工作项目		实训日期		计划学时	
工作内容					
教学方法	任务驱动（理论＋实践）				
	知识	能力		素质	
工作目标	1. 盘左、盘右的概念； 2. 照准部、视准轴概念； 3. 方向读数和角度的区别	1. 掌握仪器的构造及各部名称； 2. 熟练安置仪器，对中及整平合格； 3. 会读数并正确记录； 4. 利用表格进行角度计算		认真、求实、合作精神	
工作重点及难点	水平角观测及方向测回法测角				
工作任务	1. 工具及仪器的准备； 2. 实训场地的熟悉； 3. 小组分工	1. 掌握操作要领及注意事项； 2. 明确工作目标。	表格数据的填入及成果计算	1. 成果分析及整理； 2. 完成任务	
工作成果	1. 小组配合，完成仪器的安置； 2. 人员责任分工	1. 说出各部旋钮的名称及功能； 2. 操作合理	1. 数据填写； 2. 实习报告的撰写	1. 计算成果表； 2. 实习报告的提交	
评价标准	A 很积极主动，团队合作很好 B 积极主动，团队合作好 C 较积极主动，团队合作尚好 D 不主动，合作尚好 E 不主动，合作差	A 内容全面，目标合理 B 内容全面，目标较合理 C 内容基本正确 D 内容不正确 E 无内容	A 方法应用很正确 B 方法正确 C 方法基本正确 D 方法不正确 E 无方法	A 形式美观，有特色 B 形式美观 C 形式合理 D 形式尚合理 E 形式不合理	综合
学生自评					
学生互评					
教师评价					
任务评价	学生自评（0.2）＋学生互评（0.3）＋教师评价（0.5）				
	A 90～100　　B 80～89　　C 70～79　　D 60～69　　E 60 分以下				

思 考 题

1. 用经纬仪测量水平角时，为什么要用盘左、盘右进行观测？

2. 整理表 6 - 8 中测回法观测水平角的记录。

表 6 - 8　　　　　　　　　　　　　　　**测回法观测水平角记录表**

测站	测回数	竖盘位置	目标	水平度盘读数 /(°　′　″)	半测回角值 /(°　′　″)	一测回角值 /(°　′　″)	备测回角值 /(°　′　″)
O	第一测回	左	A	00 01 12			
			B	39 16 48			
		右	A	180 01 06			
			B	219 16 36			
O	第二测回	左	A	90 00 06			
			B	129 15 54			
		右	A	270 00 12			
			B	309 15 48			

实训七　竖直角的观测与数据处理

★学习任务

　　（1）认识和了解经纬仪的竖盘结构及各部分旋钮的作用。

　　（2）掌握竖直角的观测顺序、记录和计算方法。

※学习目标

　　（1）练习竖直角观测、记录、计算方法。

　　（2）了解竖盘指标差的计算。

　　（3）会利用表格计算竖直角。

▲仪器和工具准备

　　（1）1台经纬仪，1个三脚架，2根花杆，1块记录板。

　　（2）自备：铅笔、草稿纸。

一、知识准备

1. 竖直角测量原理

　　（1）竖直角的定义。竖直角是指某一方向与其在同一铅垂面内的水平线所夹的角度。由图7-1可知，同一铅垂面上，空间方向线 AB 和水平线所夹的角 α 就是 AB 方向与水平线的竖直角，若方向线在水平线之上，竖直角为仰角，用"$+\alpha$"表示，若方向线在水平线之下，竖直角为俯角，用"$-\alpha$"表示。其角值范围 $0°\sim90°$。

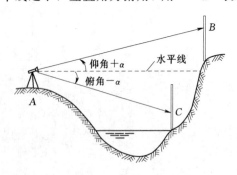

图7-1　竖直角测量原理

　　（2）竖直角测量的原理。在望远镜横轴的一端竖直设置一个刻度盘（竖直度盘），竖直度盘中心与望远镜横轴中心重合，度盘平面与横轴轴线垂直，视线水平时指标线为一固定读数，当望远镜瞄准目标时，竖盘随着转动，则望远镜照准目标的方向线读数与水平方向上的固定读数之差为竖直角。当视线水平时，读数窗中显示的读数是的一个常数（一般为90°或270°）。

　　根据上述测量水平角和竖直角的要求，而设计制造的一种测角仪器称为经纬仪。

　　（3）竖直度盘的构造。竖直度盘是固定安装在望远镜旋转轴（横轴）的一端，其刻划中心与横轴的旋转中心重合，所以在望远镜作竖直方向旋转时，度盘也随之转动。分微尺的零分划线作为读数指标线相对于转动的竖盘是固定不动的。根据竖直角的测量原理，竖直角 α 是视线读数与水平线的读数之差，水平方向线的读数是固定数值，所以当竖盘转动在不同位置时用读数指标读取视线读数，就可以计算出竖直角，如图7-2所示。

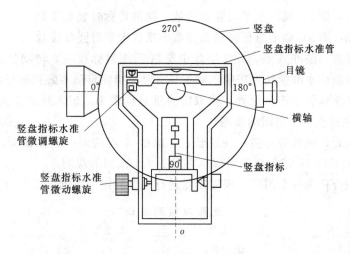

图 7 - 2　竖盘构造示意

2. 竖盘的构造特点（有指标水准管）

（1）竖盘安装在望远镜横轴一端，随望远镜一起绕横轴转动，读数指标不动。

（2）竖盘平面与横轴相垂直，竖盘刻划中心位于横轴中心上，照准部水准管气泡居中时，竖盘为一竖直平面（要整平）。

（3）竖盘指标水准管气泡居中，读数指标处于正确位置。

（4）（读数前调气泡）当望远镜视线水平，照准部水准管气泡居中，竖盘指标水准管气泡居中，读数指标是固定值（一般为 90°、270°）。

（5）竖盘注记。根据度盘的刻划顺序不同，分为全圆顺时针注记和全圆逆时针注记两种。如图 7 - 3 和图 7 - 4 所示。当视线水平时指标线所指的盘左读数为 90°，盘右为 270°。

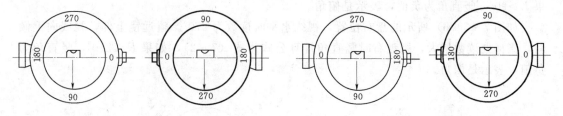

图 7 - 3　竖盘的顺时针注记　　　　　　　图 7 - 4　竖盘的逆时针注记

二、任务实施

1. 操作步骤

竖直角观测步骤如下：

（1）在测站点 O 上安置经纬仪，对中、整平后，打开竖盘自动归零装置，选定 A、B 两个目标。

（2）先观察竖直度盘注记形式并写出垂直角的计算公式：盘左位置将望远镜大致放平观察竖直度盘读数，然后将望远镜慢慢上仰，观察竖直度盘读数变化情况，看竖盘读数是增加还是减少。

若读数减少，则 α＝视线水平时竖盘读数－瞄准目标时竖盘读数。

若读数增加，则 α＝瞄准目标时竖盘读数－视线水平时竖盘读数。

（3）盘左位置，瞄准 A 点，用十字丝中丝切于 A 目标顶端，转动竖盘指标水准管微动螺旋，使竖盘指标水准管气泡居中，对于具有竖盘指标自动零装置的经纬仪，打开自动补偿器，使竖盘指标居于正确位置。读取竖直度盘读数 L，记入观测手簿。例 $48°17'36''$ 记入表 7-1，完成上半个测回的观测。

（4）盘右位置，纵转望远镜，变成盘右，瞄准 A 点的同一目标位置，读取竖直度盘的读数 R，例 $311°42'48''$ 记入观测手簿，完成下半个测回的观测。

上下半测回合称为一个测回，根据需要进行多个测回的观测。

表 7-1 　　　　　　　　　　　　　　竖 直 角 观 测 记 录

日期：_____年___月___日　　天气：_____　　仪器型号：_____　　组号：_____

观测者：_____　　　　记录者：_____　　　立测杆者：_____

测站	目标	竖盘位置/ (° ′ ″)	竖盘读数/ (° ′ ″)	半测回角值/ (° ′ ″)	指标差/ (″)	一测回角值/ (° ′ ″)
1	2	3	4	5	6	7
O	A	左	48 17 36	41 42 24	12	41 42 36
		右	311 42 48	41 42 48		
	B	左	98 28 40	−8 28 40	−13	−8 28 53
		右	261 30 54	−8 29 06		

2. 数据处理

（1）计算半测回的角值。如图 7-5（a）所示，盘左位置，视线水平时读数为 90°。望远镜上仰视线向上倾斜，指标处读数减小，则盘左时竖直角计算公式为式（7-1），如果 $L>90°$，竖直角为负值，表示是俯角。

如图 7-5（b）所示的盘右位置，视线水平时读数为 270°。望远镜上仰，视线向上倾斜，指标处读数增大，则盘右时竖直角计算公式为式（7-2），如果 $R<270°$，竖直角为负值，表示是俯角。

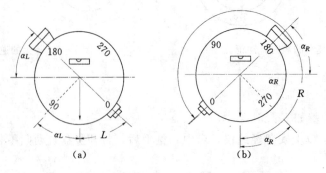

图 7-5 竖直角计算

$$\alpha_L = 90° - L \tag{7-1}$$

$$\alpha_R = R - 270° \tag{7-2}$$

式中 L——盘左竖盘读数；

R——盘右竖盘读数。

为了提高竖直角精度，取盘左、盘右的平均值作为最后结果，即

$$\alpha = \frac{\alpha_L + \alpha_R}{2} = \frac{R - L - 180°}{2} \tag{7-3}$$

同理，全圆逆时针刻划注记的竖直角计算公式为式（7-4）和式（7-5）。

$$\alpha_L = L - 90° \tag{7-4}$$

$$\alpha_R = 270° - R \tag{7-5}$$

计算结果填入表 7-1 中的第 5 栏。

（2）计算竖盘指标差：$x = \frac{1}{2}(\alpha_R - \alpha_L)$，计算结果填入表格第 6 栏。

例：指标差 $12'' = \frac{41°4'48'' - 41°42'24''}{2}$，填入第 6 栏，用于判断是否超限。

（3）计算一个测回的竖直角：$\alpha = \frac{1}{2}(\alpha_R + \alpha_L)$，计算结果填入第 7 栏。

例：$\frac{41°42'48'' + 41°42'24''}{2} = 41°42'36''$，填入第 7 栏。

3. 训练要求

（1）测量前要检验仪器竖盘指标差。

（2）仪器要严格对中和精平。

（3）同一组所测得的竖盘指标差的互差不得超过 ±25″。

（4）测量前，要首先确定竖盘注记形式。

转动望远镜，观察竖盘读数的变化，若：①当望远镜视线上倾，竖盘读数增加，则竖角 α＝瞄准目标时竖盘读数－视线水平时竖盘读数；②当望远镜视线上倾，竖盘读数减少，则竖角 α＝视线水平时竖盘读数－瞄准目标时竖盘读数。

三、竖直角测量注意事项

（1）对于具有竖盘指标水准管的经纬仪，每次竖盘读数前，必须使竖盘指标水准管气泡居中。具有竖盘指标自动零装置的经纬仪，每次竖盘读数前，必须打开自动补偿器，使竖盘指标居于正确位置。

（2）垂直角观测时，对同一目标应以中丝切准目标顶端（或同一部位），每次读数前都要使指标水准管气泡居中。

（3）计算竖直角和指标差时，应注意正、负号。

（4）务必弄清计算竖角的公式。

四、实训用表格

实训用表格见表 7-2。

表 7 - 2 竖 直 角 记 录 表

日期：_____年___月___日 天气：_____ 仪器型号：_____ 组号：_____

观测者：_____ 记录者：_____ 立测杆者：_____

测点	目标	竖盘位置	竖盘读数/(° ′ ″)	半测回竖直角/(° ′ ″)	指标差/(″)	一测回竖直角/(° ′ ″)
		左				
		右				
		左				
		右				
		左				
		右				
		左				
		右				
		左				
		右				

五、任务评价

任务评价见表 7 - 3。

表 7 - 3 任 务 评 价

小组：_____ 学号：_____ 学生：_____ 成绩：_____

工作项目		实训日期		计划学时	
工作内容					
教学方法	任务驱动（理论＋实践）				
工作目标	知识	能力		素质	
	1. 竖直角的概念； 2. 竖直角的测量原理； 3. 竖直角的计算方法	1. 会熟练使用仪器； 2. 会检验竖盘指标差； 3. 会判断仰角或俯角； 4. 会计算角值		认真、求实、合作精神	
工作重点及难点	竖直角的观测及角度计算				
工作任务	1. 仪器、根据的准备； 2. 小组明确任务及实训目的	1. 俯仰角的判断； 2. 瞄准目标及读数	表格数据的填入及角度计算	完成任务	
工作成果	小组配合，完成仪器的安置、瞄准目标及读数	工作顺序及观测程序	竖直角的计算	计算成果表 实训报告	

续表

评价标准	A很积极主动，团队合作很好 B积极主动，团队合作好 C较积极主动，团队合作尚好 D不主动，合作尚好 E不主动，合作差	A内容全面，目标合理 B内容全面，目标较合理 C内容基本正确 D内容不正确 E无内容	A方法应用很正确 B方法正确 C方法基本正确 D方法不正确 E无方法	A形式美观，有特色 B形式美观 C形式合理 D形式尚合理 E形式不合理	综合
学生自评					
学生互评					
教师评价					
任务评价	学生自评（0.2）＋学生互评（0.3）＋教师评价（0.5）				
	A 90～100　　B 80～89　　C 70～79　　D 60～69　　E 60分以下				

思　考　题

1. 什么是竖直角？观测竖直角时，为什么只瞄准一个方向即可测得竖直角值？

2. 用经纬仪测量竖直角时，为什么要用盘左、盘右进行观测？如果只用盘左、或只用盘右观测时应如何计算竖直角？

3. 整理表7－4中竖直角观测记录。

表7－4　　　　　　　　　　　　　　　竖直角观测记录表

测站	目标	盘位	竖盘读数 /(° ′ ″)	半测回竖直角 /(° ′ ″)	指标差 /(″)	一测回竖直角 /(° ′ ″)
A	B	左	81 15 18			
		右	278 45 12			
	C	左	113 03 42			
		右	246 56 54			

实训八 三角高程测量

★**学习任务**

(1) 了解控制测量的目的。

(2) 掌握三角高程测量的有关仪器的操作。

(3) 熟练填写表格、计算。

※**学习目标**

(1) 掌握三角高程测量的方法。

(2) 会使用经纬仪配合测距仪或全站仪采集数据。

▲**仪器和工具准备**

(1) 1套经纬仪和光电测距仪或全站仪，1个三脚架，2根塔尺或2套棱镜，1块记录板。

(2) 自备：铅笔，表格，草稿纸。

一、知识准备

(一) 高程控制测量

采用一定的方法确定一个测区内各控制点的高程的测量工作，称为高程控制测量。高程控制测量的方法，常用的有水准测量和三角高程测量。前者为直接测量高程，后者为间接测量高程。

三角高程测量适用于山区、大丘陵测区及水网、沼泽等测区进行高程控制，其测量的施测精度比水准测量的施测精度低一些；但是，它施测的速度快、工效高、外业的劳动强度低。

(二) 高程控制测量的等级划分

高程控制网的等级，依次划分为二、三、四、五等。首级控制网的等级，应根据工程规模、范围大小和放样精度高低来确定，其适用范围见表8-1。

表 8-1　　　　　　　　　　　　首级高程控制等级的适用范围

工 程 规 模	混凝土建筑物	土石建筑物
大型水利水电工程	二或三等	三等
中型水利水电工程	三等	四等
小型水利水电工程	四等	五等

(三) 三角高程测量原理

1. 三角高程测量的定义及其测量路线

三角高程测量，是一种根据已知点高程及两点间的竖直角、水平距离确定所求点高程的高程测量方法。由于测算水平距离的方法不同及布设的网形不同，三角高程测量实际应用中又可分为如下几种形式：

（1）三角高程路线。三角高程路线是指在两已知高程点间，由已知其水平距离的若干条边组成的路线，用三角高程测量的方法，对每条边进行往返向测定高差的一种布网形式。

（2）电磁波测距三角高程路线。电磁波测距三角高程路线是指采用电磁波测距仪直接测定两点间水平距离所布设的一种三角高程路线形式。

（3）独立交会高程点。由二至三个已知高程点对一个未知高程点，用三角高程测量的方法求算该点的高程的一种较为简单的图形，称为独立交会高程点。

（4）三角高程导线（简称高程导线）。高程导线是从已知高程点出发，沿各导线边进行三角高程测量，最后附合或闭合到已知高程点上的一种布网形式。特殊困难测区，也允许用支导线形式，但规范对一条支导线上所允许支出的未知点的最大数量及一条支导线的最大长度均有严格限制，这是为了控制支导线的点位精度不至于太低。

这种网形不需要测定各未知点的平面位置（即平面坐标），计算高差时所需水平距离采用视距测量的方法求得，因而其精度较低。通常对附合和闭合高程导线可采用隔点设站方法施测，只单向测定各边的高差，按这种方法施测的导线称为单觇导线；若每点设站，往返测定每一条边的高差，按这种方法施测的导线称为复觇导线。对于支导线，必须采用复觇导线的观测方法。

采用单觇导线进行高程导线观测的方法，称为单觇观测；采用复觇导线进行高程导线观测的方法，称为复觇观测，也称为对向观测。

2. 三角高程的测量原理

三角高程测量的基本思想是根据由测站向目标点观测的竖直角和它们间的斜距 S 或水平距离 D，以及量取的仪器高、目标高，计算两点间的高差。

如图 8-1 所示，今欲在地面上 A、B 两点之间采用三角高程测量的方法测定高差 h_{AB}，在 A 点安置仪器（对中、整平），在 B 点安置照准目标。仪器安置好后，用小钢卷尺量取望远镜横轴中心至地面点 A 的高度称为仪器高，记为 i；观测 A 至 B 的竖直角，用望远镜中的十字丝的中丝照准 B 点目标的顶端后，用钢卷尺量取自其底端至其顶端的长度，称为目标高，记为 v。则 A、B 之间的高差为

$$h_{AB} = D\tan\alpha + i - v + f \tag{8-1}$$

B 点的高程为

$$H_B = H_A + D\tan\alpha + i - v + f \tag{8-2}$$

式中　i——地面桩顶到仪器横轴中心的高度，即仪器高；

v——觇标高；

f——球气差改正数，$f = 0.43\dfrac{D^2}{R}$，球气差示意图如图 8-2 所示。

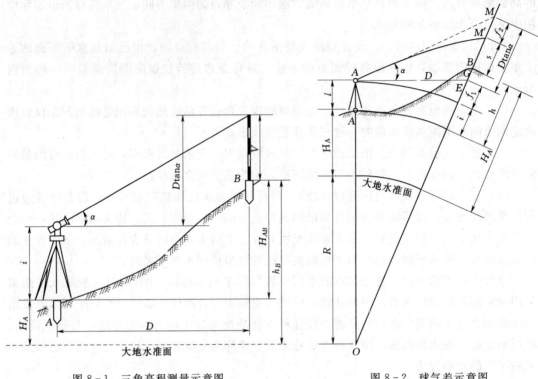

图 8-1 三角高程测量示意图　　　　图 8-2 球气差示意图

3. 两个基本概念

（1）直觇。在已知高程点上安置仪器，向未知高程点方向进行三角高程测量观测的方法，称为直觇 观测，简称直觇，也称为正觇，如图 8-3（a）所示。

（2）反觇。在未知高程点上安置仪器，向已知高程点方向进行三角高程测量观测的方法，称为反觇观测，如图 8-3（b）所示。

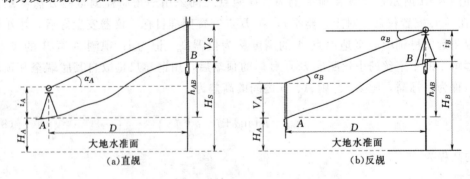

图 8-3 三角高程测量的直觇和反觇示意图

4. 有关技术标准的要求

三角高程测量，更具使用的仪器的不同，在技术标准的要求上，有所不同，具体内容如下：

（1）使用经纬仪配合测光电测距仪进行三角高程测量，其技术要求见表 8-2。

表 8-2   光电测距三角高程测量的技术要求

等级	使用仪器	最大边长/m			天顶距观测				仪镜高丈量精度/mm	对向观测高差较差/mm	附合或环线闭合差/mm
		单向	对向	隔点设站	测回数		指标差较差/(″)	测回差/(″)			
					中丝法	三丝法					
三	DJ$_1$、DJ$_2$	—	500	300	4	2	9	9	±1	±50D	±12∑D
四	DJ$_2$	300	800	500	3	2	9	9	±2	±70D	±20∑D
五	DJ$_2$	1000	—	500	2	1	10	10	±2	—	±30∑D

（2）使用全站仪进行三角高程测量的技术要求。采用全站仪进行光电测距三角高程导线测量时，可以直接测量斜距、平距和高差，其测量技术要求见表 8-2 和表 8-3。

表 8-3   光电测距三角高程导线测量的技术要求（施工测量）

等级	仪器标称精度		最大视线长度/m		斜距测回数	天顶距观测					仪镜高丈量精度/mm	对向观测高差较差/mm	隔点设站两次观测高差较差/mm	附合或环线闭合差/mm
	测距精度/(mm/km)	测角精度/(″)	对向观测	隔点设站		测回数		指标差较差/(″)	测回差/(″)					
						中丝法	三丝法							
三	±2	±1	700	300	3	3	2	8	5		±2	±35√S	±8√S	±12√L
三	±5	±2			4	4	3							
四	±2	±1	1000	500	2	2	1	9	5		±2	±45√S	±14√S	±20√L
四	±5	±2			3	3	2							

注　S 为斜距 km，L 为路线总长，km，斜距观测一个测回为照准一次，测距离 4 次。

（3）跨河测量的技术要求。当光电测距三角高程导线测量路线跨越江河、湖泊，其实现长度超过表 8-2 和表 8-3 的规定时，按照表 8-4 的规定执行，其技术要求见表 8-5。

表 8-4   全站仪测量斜距和高差及测回数要求

等级	仪器标称精度		斜距和高差的测回数	
	测距精度/(mm/km)	测角精度/(″)	盘左	盘右
三	±2	±1	3	3
	±5	±2	4	4
四	±2	±1	2	2
	±5	±2	3	3

跨河光电测距三角高程测量应注意的事项：

（1）宜选择成像清晰和风力小的阴天进行观测。

（2）天顶距观测时，垂直微动螺旋照准目标时最后应为旋进方向。距离测量时，测站和镜站在每测回间应重新观测气象元素。

表 8-5 跨河光电测距三角高程测量技术要求

等级	仪器标称精度		最大视线长度/m	天 顶 距					斜 距				仪镜高测量精度/mm	往返测观测数	往返测高差较差/mm
	测距精度/(mm/km)	测角精度/(″)		测回数		两次读数差/(″)	指标差较差/(″)	测回差/(″)	测回数	一测回读数间较差/mm	测回中数间较差/mm	往返较差/mm			
				中丝法	三丝法										
二	±2	±1	600	6	3	2	8	4	4	5	7	$2\sqrt{2}(a+bS)$	±1	2	±25$\sqrt{S}$
三	±4	±2	1000	5	3	3	8	5	4	10	15		±2	1	±35$\sqrt{S}$
四	±5	±2	12000	4	3	3	9	4	4	10	15		±2	1	±45$\sqrt{S}$

注 a 为固定误差，mm；b 为比例误差，mm/km；S 为斜距，km。

（3）往返观测应尽量在较短时间间隔内完成。三、四等过跨河光电测距三角高程测量，在条件许可时，用两台仪器同时对向观测，即仪器架在 A 点观测 C 点，对岸仪器架 D 点观测 B 点，待天顶距和距离测完后，A 点的仪器搬到 B 点观测 O 点，D 点的仪器搬到 C 点观测 A 点。二等跨河测量时。两台仪器均在同一岸同时观测对岸，观测完毕后，仪器和觇牌相互调岸进行返测。再选一时段完成第二组往返测。观测、记录及计算小数位取位的规定见表 8-6。

表 8-6 观测、记录及计算小数位取位的规定

等级	天顶距观测读数与记录取位/(″)	测段高差取位/mm	水准点高程取位/mm	天顶距各测回平均数取位/(″)	各测站高差值取位/mm	往测或返测高差总和取位/mm	水准尺观测读数与记录取位/mm	测段距离中数取位/mm	往测或返测距离总和取位/km
二	0.01	0.01	0.01	0.01	0.01	0.01	0.1、0.05	0.1	0.01
三	1	1	1	1	0.1	0.1	1	0.1	0.01
四	1	1	1	1	0.1	0.1	1	0.1	0.01

二、任务实施

1. 操作步骤

三角高程测量，根据各边长取得的方法不同，可分为经纬仪三角高程测量和电磁波测距三角高程测量两种方法。

经纬仪三角高程测量使用的边长是先进行平面控制，计算坐标值，然后按坐标反算求得各导线边的边长值；电磁波测距三角高程测量所用的边长值用电磁波测距仪直接测定，现在全站仪的使用，其功能可完成三维坐标的测量，因此，角度、距离的数据采集更为方便。三角高程测量由于施测方案和所使用仪器的不同，而有多重方法，现在分别叙述如下：

（1）单向、对向光电测距三角高程测量，一测站的操作程序如下：

1）在测站，将仪器和棱镜（觇牌）架设好后，量取仪器高 i 与棱镜（觇牌）高 v。

2）读取测站的气象数据。

3）观测斜距。

4）观测天顶距（测完全部测回数）。

3）、4）的观测程序可互换。

（2）隔点设站法施测三等高程路线时，一测站的操作程序规定如下：

1）读取气象数据。

2）照准后视棱镜（觇牌）标志，观测天顶距。

3）照准前视棱镜（觇牌）标志，观测天顶距。

4）观测前视斜距。

5）观测后视斜距。

6）仿照2）～5）测完全部测回数。

以上简称为"后、前、前、后"法，对于四、五等高程测量，可采用"后、后、前、前"法，其他要求与三等相同。

以上两种方法的数据填写及数据处理计算表格为表8-7和表8-8。

表 8-7 光电测距三角高程测量计算表

仪器型号：_____   测量时间：_____   天气：_____   编号：_____

测站	仪器高度/m	测回位	盘位	目标	垂直角读数/(° ′ ″)	一测回竖直角均值/(° ′ ″)	各测回竖直角均值/(° ′ ″)	斜距/m	平均斜距/m	棱镜高度/m	一测站平均高差/m	各测站平均高差/m	高程/m	备注
			左											
			右											
			左											
			右											
			左											
			右											
			左											
			右											
			左											
			右											
			左											
			右											
			左											
			右											
			左											
			右											
			左											
			右											
			左											
			右											
			左											
			右											
			左											
			右											
			左											
			右											
			左											
			右											

表 8 - 8　　　　　　　　　　　　　三角高程测量计算表

测站：＿＿＿　仪器高：＿＿＿　觇标高：＿＿＿　仪器型号：＿＿＿　测量时间：＿＿＿　天气：＿＿＿　编号：＿＿＿

点位	测回数	盘位	天顶距/(° ′ ″)			指标差/(″)	一测回竖直角/(° ′ ″)	斜距 s/m				测回间平均斜距 S/m		一测站平均高差/m	各测站平均高差/m
			前视	后视	平均天顶距			前视	一测回斜距	后视	一测回斜距	前视	后视		
		左													
		右													
		左													
		右													
		左													
		右													
		左													
		右													
		左													
		右													
		左													
		右													

（3）全站仪任意设站光电测距三角高程测量。目前，由于全站仪功能强大，操作简便、灵活，技术成熟，与计算机接口好，数据处理快捷等方面的优点，使其在工程测量中被广泛采用。下面就全站仪三角高程测量（任意设站法）的操作步骤，详述如下：

1）在地面开阔，坚实并且和已知高程点及待测点相互通视的任意一点上。安置全站仪，对中整平，达到施测的要求。

2）用仪器照准已知高程如 B 点，测出 $D\tan\alpha$ 的值，并由式（8-3）算出 E 值。此时与仪器高程测定有关的常数如测站点高程，仪器高，棱镜高均为任一值。施测前不必设定。

$$H_A + i - v = H_B - D\tan\alpha = E \tag{8-3}$$

3）将仪器测站点高程重新设定为 E，仪器高和棱镜高设为0。

4）照准待测点测出其高程。

数据填写及计算参考表8-9和表8-10，经纬仪的三角高程计算表为8-11，无论采用哪种测量方法，高程测量成果的整理见表8-12附合导线高程平差成果计算表。

表8-9　　　　　　　　　　　　　　全站仪三角高程记录表

仪器型号：_____　测量时间：_____　天气：_____　组别：_____　观测者：_____

测站	点号	盘位	平距/m	平距/m	竖直角/(° ′ ″)	竖直角均值/(° ′ ″)	$D\tan\alpha$	E值	高程/m	备注
		左								
		右								
		左								
		右								
		左								
		右								
		左								
		右								
		左								
		右								
		左								
		右								
		左								
		右								
		左								
		右								
		左								
		右								
		左								
		右								
		左								
		右								

表 8 - 10 　　　　　　　　　　　　　　三角高程对向观测记录表

观测者：_____　　记录者：_____　　天气：_____　　日期：_____

测站点名	目标点名	仪高/m	目标高/m	盘左/(° ′ ″)	盘右/(° ′ ″)	指标差/(″)	竖直角/(° ′ ″)	高差/m	平距/m	高差中数/m

表 8 - 11 　　　　　　　　　　　　　　经纬仪三角高程测量计算表

项目	A、B 两点间的高差		B、C 两点间的高差		
	往	返	往	返	
水平距离 D					…
竖直角 α					…
仪器高 i					…
目标高 v					…
两差改正 f					…
高差					…
平均高差 h					…

表 8 - 12　　　　　　　　　附合导线高程平差成果计算表

测点	路线长度	实测高差	高差改正数	改正后的高差	高程	备注
	m	m	m	m	m	
Σ						
辅助计算						

2. 训练要求

(1) 用中丝照准,测定其斜距,用盘左、盘右观测竖直角。

(2) 仪器高度、觇标高,应用小钢尺丈量两次,取其值精确至 1mm,对于四等当较差不大于 2mm 时,取用平均值。对于五等,当较差不大于 4mm 时,取其平均值。

(3) 光电测距三角高程测量应采用高一级的水准测量联测一定数量的控制点,作为高程起闭数据。四等应起讫于不低于三等水准的高程点上,五等应起讫于不低于四等水准的高程点上。其边长均不应超过 1km,边数不应超过 6 条,当边长小于 0.5km 时,或单纯作高程控制时,边数可增加一倍。

(4) 三角高程的边长测定,应采用不低于Ⅱ级精度的测距仪。四等应采用往返各一测回;五等应采用一测回。视线竖直角不超过 15°。

（5）使用全站仪进行三角高程测量时，直接选择大气折光系数值，输入仪器高和棱镜高，利用仪器高差测量模式观测。

（6）采用正、反双向观测，取其平均值作为 A、B 两点间的高差。

三、三角高程测量注意事项

（1）高程路线应起讫于高一级的高程点，并且形成符合路线或闭合环。

（2）隔点设站观测时，前后视线长度宜尽量相等，最大距离差不宜大于 40m，并应变换一次仪器高，观测两次，测站数应为偶数。

（3）当视线长度大于 500m、照准目标有困难时，宜使用不小于 40cm×40cm 的特制觇牌。

（4）全站仪观测斜距和高差时，当温度变化超过 1℃时，宜在测回间重新输入温度后再进行观测。

（5）视线通过江河、湖泊和沙漠、沼泽时，若对向（往返）观测高差较差超限，应分析原因，在排除可能发生粗差的条件下，可适当将限差放宽到原来限差的 $\sqrt{2}$ 倍。

四、实训用表格

实训用表格见表 8-7～表 8-12。

五、任务评价

任务评价见表 8-13。

表 8-13　　　　　　　　　　　　任 务 评 价

小组：＿＿＿＿＿　学号：＿＿＿＿＿　学生：＿＿＿＿＿　成绩：＿＿＿＿＿

工作项目		实训日期		计划学时	
工作内容					
教学方法		任务驱动（理论＋实践）			
	知识	能力		素质	
工作目标	1. 天顶距的概念； 2. 控制测量； 3. 三角高程测量的概念及适用场合	1. 会熟练使用仪器； 2. 会检验竖盘指标差； 3. 会使用全站仪进行三角高程测量； 4. 利用表格进程数据填写、数据计算等		认真、求实、合作精神	
工作重点及难点		三角高程测量的实施			
工作任务	1. 工具及仪器的准备； 2. 测区踏查； 3. 小组分工	1. 施测方案的制订； 2. 明确工作量	表格数据的填入及成果计算	完成任务	
工作成果	1. 小组配合，完成仪器的安置； 2. 测区踏查分析报告； 3. 人员责任分工	1. 落实施测程序； 2. 明确工作顺序及观测程序； 3. 每日工作量明确	1. 数据计算； 2. 实习报告的撰写	1. 计算成果表； 2. 实习报告的提交	

评价标准	A 很积极主动，团队合作很好 B 积极主动，团队合作好 C 较积极主动，团队合作尚好 D 不主动，合作尚好 E 不主动，合作差	A 内容全面，目标合理 B 内容全面，目标较合理 C 内容基本正确 D 内容不正确 E 无内容	A 方法应用很正确 B 方法正确 C 方法基本正确 D 方法不正确 E 无方法	A 形式美观，有特色 B 形式美观 C 形式合理 D 形式尚合理 E 形式不合理	综合
学生自评					
学生互评					
教师评价					
任务评价	学生自评（0.2）＋学生互评（0.3）＋教师评价（0.5）				
	A 90～100　　　B 80～89　　　C 70～79　　　D 60～69　　　E 60 分以下				

思 考 题

1. 三角高程测量与普通水准测量有什么区别？什么情况下使用三角高程测量？

2. 什么是直觇，什么是反觇？

3. 已知 A 点高程为 120.38m，现用三角高程测量方法进行直反觇观测，观测数据见表 8-14，已知 AP 的水平距离为 2349.379m，计算 P 点的高程。

表 8-14　　　　　　　　　　　三 角 高 程 计 算

测站	目标	竖直角	仪器高	觇标高	高差方向	高差
A	P	1°11′10″	1.47	5.21	A→P	+44.675
P	A	−1°02′23″	2.17	5.10	P→A	−45.368

实训九 视 距 测 量

★**学习任务**

(1) 掌握视距的概念。

(2) 了解视距测量使用的场合。

※**学习目标**

(1) 掌握视距测量操作步骤。

(2) 掌握视距测量的记录及计算方法。

▲**仪器和工具准备**

(1) 1台经纬仪，1个三脚架，2根塔尺，1块记录板。

(2) 自备：铅笔，草稿纸。

一、知识准备

视距测量是根据几何光学原理，利用仪器望远镜筒内的视距丝在标尺上截取读数，应用三角公式计算两点距离，可同时测定地面上两点间水平距离和高差的测量方法。视距测量的优点是操作方便、观测快捷，一般不受地形影响。其缺点是测量视距和高差的精度较低，测距相对误差约为 $1/200\sim1/300$。尽管视距测量的精度较低，但还是能满足测量地形图碎部点的要求，所以在测绘地形图时，常采用视距测量的方法测量距离和高差。

视距测量原理如下：

视距测量是利用望远镜内的视距装置配合视距尺，根据几何光学和三角测量原理，同时测定距离和高差的方法。

进行视距测量，要用到视距丝和视距尺。视距丝即望远镜内十字丝分划板上的上下两根短丝，它与中丝平行且等距离，如图9-1所示。视距尺是有尺寸刻划的直尺，和水准尺基本相同。

1. 视线水平时的距离与高差公式

视线水平时的距离与高差示意图如图9-2所示。

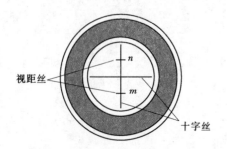

图9-1 十字丝分划板示意图

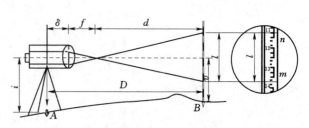

图9-2 视线水平

距离公式：

$$D=\frac{f}{p}l+f+\delta$$

$$\frac{d}{f}=\frac{l}{p}$$

另 $\frac{f}{p}=k$，$f+\delta=c$ 则

$$D=kl+c$$

式中 k——视距乘常数；

　　　c——视距加常数。

常用的内对光望远镜的视距常数在设计时使 $k=100$，$c\approx0$。在视线水平时，计算两点间的水平距离公式为

$$D=100l \qquad\qquad (9-1)$$

2. 视线倾斜时的距离与高差公式

当地面高低起伏较大或通视条件较差时，必须使视线倾斜才能读取尺间隔，此时尺仍然是竖直的，但是视线是倾斜的。需要用垂直角和三角函数进行计算，如图 9-3 所示。

(1) 水平距离计算公式。

由斜距计算公式 $L=kl'=kl\cos\alpha$ 转化成水平距离公式：

$$D=kl\cos^2\alpha \qquad (9-2)$$

(2) 高差公式。

$$h=D\tan\alpha+i-v=\frac{1}{2}kl\sin2\alpha+i-v$$

$$(9-3)$$

式中　i——仪器高，为测站点桩顶面至仪器横轴的高度；

　　　v——中丝读数；

　　　α——竖直角；

　　　D——A 到 B 的水平距离；

　　　h——A 到 B 的高差。

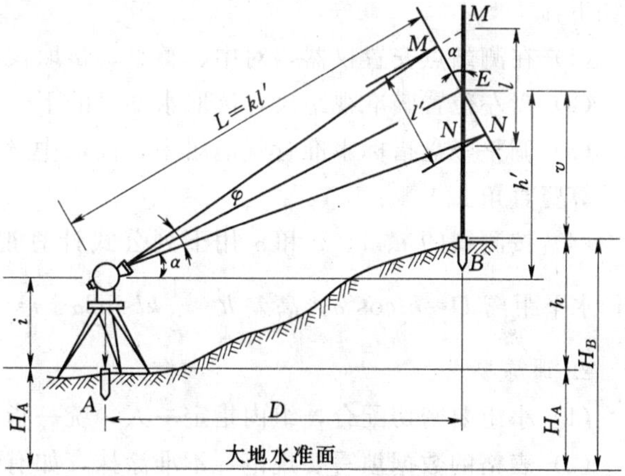

图 9-3 视线倾斜时的视距测量原理

【例 9-1】 在表 9-1 中，测站 A 点的高程为 $H_A=110.67$m，仪器高 $i=1.46$m，1 点上的上、下丝读数分别为 2.324m 和 2.548m，中丝读数 $v=2.18$m，竖盘读数 $L=87°40'$。求 1 点的水平距离和高程。

【解】 依据上述计算方法，具体计算过程如下：

尺间隔 　　　　　$l=2.658-2.2324=0.224$(m)

视距 　　　　　$kl=100\times0.224=22.4$(m)

垂直角 　　　　　$\alpha=90°-87°40'=2°20'$

水平距离 　　　　$D=22.4\times\cos^2 2°20'=22.36$(m)

高差 　　　　$h=22.36\times\tan2°20'+1.46-2.18=0.19$(m)

高程 $\qquad$ $H_1=(110.67+0.19)=110.86(\text{m})$

表 9-1 视 距 测 量 手 簿

测站：A $\qquad$ 测站高程：110.67m $\qquad$ 仪器高：1.46m $\qquad$ 天气：晴

点号	视距	中丝读数 /m	竖盘读数 /（°′）	竖直角 /（°′）	水平距离 /m	高差 /m	高程 /m	备注
1	22.4	2.48	87 40	2 20	22.36	0.19	110.86	
2	58.7	1.69	96 15	−6 15	58	−6.58	104.09	
3	89.4	2.17	88 51	1 09	89.36	1.08	111.75	

3. 视距测量误差

视距测量的误差有视距尺分划误差；乘常数 K 不准确的误差；竖直角测角误差；视距丝读数误差和外界气象条件的影响，在实际操作时，特别要注意操作的规范性和准确性。

二、任务实施

1. 操作步骤

如图 9-3 所示，欲测定 A、B 两点的平距和高差。已知 A 点的高程，观测和计算步骤如下：

(1) 在测站点安置仪器，对中、整平、量取仪器高 i（量至厘米）。

(2) 盘左位置瞄准视距尺，读取水准尺的下、上丝读数，求出视距间隔 l。

(3) 调整竖盘指标水准管气泡居中，读取中丝读数 v（读到厘米）和竖盘读数 L，然后计算竖直角。

(4) 按测得的 i、l、v 和 α 用下列公式计算视距、水平距离、高差和高程。尺间隔 kl，水平距离 $D=kl\cos^2\alpha$，高差 $h=\dfrac{1}{2}kl\sin2\alpha+i-v$，高程 $H_B=H_A+h$。

2. 训练要求

(1) 小组要密切配合，组内指定一人，统一指挥，明确手势动作的含义。

(2) 表格的数据填写要规范，不准涂抹，如有错误要更改，按照规范填写。

(3) 仪器安置之后，不论是否操作，必须有人看护，防止无关人员搬弄或行人、车辆碰撞。

(4) 转动仪器时，应先松开制动螺旋，再平稳转动。使用微动螺旋时，应先旋紧水平制动螺旋。

(5) 制动螺旋应松紧适度，微动螺旋和脚螺旋不要旋到顶端，各种螺旋都应均匀用力，适度而止，以免损伤螺纹。

(6) 在室外使用仪器时，应该撑伞，严防日晒雨淋。

(7) 在仪器发生故障时，应及时向实训指导教师报告，不得擅自处理。

(8) 服从实训教师的指导，严格按照要求认真、仔细、按时、独立或合作地完成任务。实训任务都应取得合格的成果，提交书写工整、规范的实训报告或实训记录，经指导教师审阅同意后，才可交还仪器工具，结束工作。

(9) 在实训的过程中，还应遵守纪律，爱护现场的花草、树木和农作物，爱护周围的各种公共设施，不得任意砍折、踩踏或损坏。

（10）现场作业时，必须遵守有关安全、技术操作规程，注意人身和仪器的安全，禁止冒险作业。

（11）对于测绘仪器、工具应精心爱护，及时维护保养，做到定期检验校正，保持良好状态。

三、视距测量注意事项

（1）视距测量观测前应对竖盘指标差进行检验校正，使指标差在 $\pm 60''$ 以内。

（2）观测时视距尺应竖直，尽量用带有水准器的视距尺，并保持稳定。

（3）为了减少垂直折光的影响，观测时应尽量使视线离地面 1m 以上。

（4）要在成像稳定的情况下进行观测。

（5）读取上、中、下三丝读数时，要注意消除视差，视距尺要立直并保持稳定，上下丝估读到毫米，中丝读到厘米就可以了。

四、实训用表格

实训用表格见表 9 - 2。

表 9 - 2　　　　　　　　　　　　视 距 测 量 记 录

组别：_____　仪器号码：_____　测量时间：_____　天气：_____

测站：_____　测站高程：_____　仪器高：_____　记录：_____

点号	目标	下丝读数 上丝读数 视距间隔	中丝读数	竖盘读数	竖直角	水平距离	高差	高程	备注

五、任务评价

任务评价见表9-3。

表9-3 　　　　　　　　　　　　　　　　**任 务 评 价**

小组：_____　　学号：_____　　学生：_____　　成绩：_____

工作项目		实训日期		计划学时	
工作内容					
教学方法		任务驱动（理论＋实践）			
工作目标	知识	能力		素质	
	1. 视距的概念； 2. 尺间隔的定义	1. 会熟练使用仪器； 2. 会进行视距测量； 3. 会视距测量的记录及数据计算		认真、求实、合作精神	
工作重点及难点		视距测量及数据计算			
工作任务	1. 仪器、根据的准备； 2. 熟悉场地	视距测量	表格数据的填入及有关计算	完成任务	
工作成果	小组配合，完成仪器的安置、瞄准目标及读数	工作顺序及观测程序	尺间隔、水平距高差的计算	计算成果表	
评价标准	A 很积极主动，团队合作很好 B 积极主动，团队合作好 C 较积极主动，团队合作尚好 D 不主动，合作尚好 E 不主动，合作差	A 内容全面，目标合理 B 内容全面，目标较合理 C 内容基本正确 D 内容不正确 E 无内容	A 方法应用很正确 B 方法正确 C 方法基本正确 D 方法不正确 E 无方法	A 形式美观，有特色 B 形式美观 C 形式合理 D 形式尚合理 E 形式不合理	综合
学生自评					
学生互评					
教师评价					
任务评价		学生自评（0.2）＋学生互评（0.3）＋教师评价（0.5）			
	A 90～100	B 80～89	C 70～79	D 60～69	E 60分以下

思 考 题

1. 简述视距测量的原理是什么？
2. 视距测量的目的是什么？
3. 完成表9-4的视距数据计算。

表9-4 　　　　　　　　　　　　**视 距 数 据 表**

点号	上丝读数/m	下丝读数/m	中丝读数/m	kl/m	竖盘读数/(° ′ ″)	竖直角/(° ′ ″)	平距/m	高差/m	高程/m
B	0.663	2.237	1.45		85 25 30				

实训十　小区域平面控制测量

★学习任务

（1）熟练使用和操作全站仪。

（2）进行测量外业观测和内业计算。

※学习目标

（1）掌握小区域平面控制网的坐标取得方法。

（2）能够正确地进行外业观测、记录和坐标计算。

▲仪器和工具准备

（1）1台全站仪，3个三脚架，2套棱镜，1把钢尺，1块记录板。

（2）自备：铅笔，草稿纸，记录纸。

一、知识准备

（1）导线的定义。将测区内相邻控制点（导线点）连接而构成的折线图形。

（2）适用范围。主要用于公路工程、水利工程等控制点的测量。

二、任务实施

利用已知导线（或假定导线），布置闭合导线网（也可以是附合导线或支导线），然后依次测量出连接角角度及多边形各边长，通过计算，得到平面控制点的坐标（X，Y）。

1. 操作步骤

（1）每组实习学生自行探勘选点，画出路线草图。

（2）将全站仪架设在控制点上，对中整平。在相邻控制点上设立棱镜。观测对应角度及记录，并将测量角度标在草图对应位置。对于附合导线，观测的角度一般选左角，对于闭合导线，观测的角度应是多边形的内角，观测顺序为逆时针方向。

（3）利用全站仪测量相邻控制点之间的距离，需进行往返测量，保证精度。

（4）导线的内业计算。

1）整理并填写外业观测角度和边长数据。

2）计算及分配角度闭合差。

3）计算及分配坐标增量闭合差。

4）进行坐标计算并复合。

（5）导线测量的限差要求。采用5秒级经纬仪进行角度和距离测量，技术要求见表10-1。

2. 训练要求

（1）踏勘选点。根据指导教师确定的实习范围，全组同学共同协商出一个统一的导线测量布设方案（至少5~6个导线点，可选择附合导线、闭合导线和支导线）。完成后提交检查。

表 10 - 1 **导 线 测 量 技 术 要 求**

项 目	限 差	项 目	限 差
测回数	1	两个半测回水平角的较差	≤40″
2c 值互差	≤40″	同一边长往返测的相对较差	1/5000

（2）外业观测。导线测量中的水平角均按一测回施测，水平距离用全站仪或皮尺与钢尺进行往返丈量，完成后每人提交一份观测记录。

（3）内业计算。每人设计一套计算表格（表 10 - 2），独立完成一条导线测量的内业计算，每人提交一份内业计算成果。完成后提交检查。

三、导线测量注意事项

1. 踏勘选点

（1）相邻两导线点必须互相通视。

（2）导线点应选在便于安置仪器、视野开阔、便于测角、量边和施测地形的地方。

（3）导线点应选在便于保存、易于寻找的地方。

（4）各导线边尽量避免过长或过短相接。

表 10 - 2 **导 线 坐 标 计 算 表**

日期：_____ 班级：_____ 小组：_____ 姓名：_____ 指导教师：_____

点号	角度观测值	改正数	改正后角度	方位角	水平距离	坐标增量		改正后坐标增量		坐标		点号
	$(° ′ ″)$	$(″)$	$(° ′ ″)$	$(° ′ ″)$	m	$\Delta X/m$	$\Delta Y/m$	$\Delta X/m$	$\Delta Y/m$	X/m	Y/m	
Σ												
辅助计算								导线略图：				

2. 角度观测

角度观测用测回法。但若一导线点上需要观测三个或更多的方向时，可用方向观测法。观测时，仪器应安置在导线点上，尽量照准相邻两导线点上的测杆或反射棱镜。如遇到短边观测时，仪器的对中和照准工作都要加倍细心，以免产生过大的误差。

3. 测距时的注意事项

（1）钢尺量距时，保证钢尺拉直无遮挡，用后保证钢尺清洁。

（2）如使用全站仪测距，应设置仪器的气象改正和棱镜常数，棱镜常数视反射镜情形而定。测距时，应读取水平距离，要求进行往返测。

四、任务评价

任务评价见表 10-3。

表 10-3

任 务 评 价

小组：_____ 学号：_____ 学生：_____ 成绩：_____

工作项目		实训日期		计划学时	
工作内容					
教学方法		任务驱动（理论＋实践）			
工作目标	知识	能力		素质	
				认真、求实、合作精神	
工作重点及难点					
工作任务					
工作成果					
评价标准	A很积极主动，团队合作很好 B积极主动，团队合作好 C较积极主动，团队合作尚好 D不主动，合作尚好 E不主动，合作差	A内容全面，目标合理 B内容全面，目标较合理 C内容基本正确 D内容不正确 E无内容	A方法应用很正确 B方法正确 C方法基本正确 D方法不正确 E无方法	A形式美观，有特色 B形式美观 C形式合理 D形式尚合理 E形式不合理	综合
学生自评					
学生互评					
教师评价					
任务评价		学生自评（0.2）＋学生互评（0.3）＋教师评价（0.5）			
	A 90～100	B 80～89	C 70～79	D 60～69	E 60分以下

思 考 题

角度闭合差 f_β 的计算方式是什么？

实训十一 小区域高程控制测量

★**学习任务**

（1）掌握用双面尺进行四等水准测量的观测、记录、计算方法。

（2）掌握四等水准测量的主要技术指标，测站及水准路线的检验方法。

※**学习目标**

（1）掌握四等水准测量高程的方法。

（2）能够正确地进行外业记录、计算和内业高程的计算。

▲**仪器和工具准备**

（1）DS₃级水准仪1台，红黑尺1套，记录板1块，尺垫2个，测伞1把。

（2）自备工具：计算器，铅笔，小刀，计算用纸。

一、知识准备

（1）高程系统。三、四等水准测量起算点的高程一般引自国家一、二等水准点，若测区附近没有国家水准点，也可建立独立的水准网，这样起算点的高程应采用假定高程。

（2）布设形式。如果是作为测区的首级控制，一般布设成闭合环线；如果进行加密，则多采用附合水准路线或支水准路线。三、四等水准路线一般沿公路、铁路或管线等坡度较小、便于施测的路线布设。

（3）点位的埋设。其点位应选在地基稳固，能长久保存标志和便于观测的地点，水准点的间距一般为1～1.5km，山岭重丘区可根据需要适当加密，一个测区一般至少埋设三个以上的水准点。

（4）高差的闭合差应≤±6mm（山地）或≤±20mm（平地）。

二、任务实施

利用已知水准点或假定水准点，布置闭合水准路线，四等水准测量测站总数一般以偶数站为宜。

1. 操作步骤

（1）选定一条闭合水准路线，其长度以安置4～6个测站为宜。沿线标定待定点（转点）的地面标志。

（2）在起点与第一个待定点分别立尺，然后在两立尺点之间设站，安置好水准仪后，按以下顺序进行观测。

1）照准后视尺黑面，进行对光、调焦，消除视差；精平（将水准气泡影像符合）后，分别读取上、下丝读数和中丝读数，分别记入记录表11-1的（1）、（2）、（3）顺序栏内。

2）照准前视尺黑面，消除视差并精平后，读取上、下丝和中丝读数，分别记入记录表11-1的（4）、（5）、（6）顺序栏内。

表 11 - 1   **四等水准测量外业记录表**

日期：_____年___月___日 天气：_____ 仪器型号：_____ 组号：_____

观测者：_____ 记录者：_____ 司尺者：_____

| 测点编号 | 后尺 上丝 下丝 | | 前尺 上丝 下丝 | | 方向及尺号 | 标尺读数 | | K+黑减红/mm | 高差中数/m | 备 注 |
| | 后距 | 前距 | | | | 黑面/m | 红面/m | | | |
	视距差	累加差								
	(1)		(4)		后尺1号	(3)	(8)	(14)		已知水准点的高程＝_____m。
	(2)		(5)		前尺2号	(6)	(7)	(13)	(18)	
	(9)		(10)		后—前	(15)	(16)	(17)		尺1号的 K＝
	(11)		(12)							尺2号的 K＝

3）照准前视尺红面，消除视差并精平后，读取中丝读数，记入记录表 11 - 1 的（7）顺序栏内。

4）照准后视尺红面，消除视差并精平后，读取中丝读数，记入记录表 11-1 的（8）顺序栏内。这种观测顺序简称为"后—前—前—后"，目的是减弱仪器下沉对观测结果的影响。

（3）测站的检核计算。

1）计算同一水准尺黑、红面分划读数差（即黑面中丝读数＋K－红面中丝读数，其值应≤3mm），填入记录表 11-1 的（9）、（10）顺序栏内。

$$(9)=(6)+K-(7)$$
$$(10)=(3)+K-(8)$$

2）计算黑、红面分划所测高差之差，填入记录表 11-1 的（11）、（12）、（13）顺序栏内。

$$(11)=(3)-(6)$$
$$(12)=(8)-(7)$$
$$(13)=(10)-(9)$$

3）计算高差中数，填入记录表 11-1 的（14）顺序栏内。

$$(14)=[(11)+(12)\pm0.100]/2$$

4）计算前后视距（即上、下丝读数差×100，单位为 m），填入记录表 11-1 的（15）、（16）顺序栏内。

$$(15)=(1)-(2)$$
$$(16)=(4)-(5)$$

5）计算前后视距差（其值应≤5m），填入记录表 11-1 的（17）顺序栏内。

$$(17)=(15)-(16)$$

6）计算前后视距累积差（其值应≤10m），填入记录表 11-1 的（18）顺序栏内。

$$(18)=上(18)-本(17)$$

（4）用同样的方法依次施测其他各站。

（5）各站观测和验算完后进行路线总验算，以衡量观测精度。其验算方法如下：

当测站总数为偶数时：$\sum(11)+\sum(12)=2\sum(14)$

当测站总数为奇数时：$\sum(11)+\sum(12)=2\sum(14)\pm0.100m$

末站视距累积差：末站$(18)=\sum(15)-\sum(16)$

水准路线总长：$L=\sum(15)+\sum(16)$

高差闭合差 $f_h=\sum(14)$

2. 训练要求

高差闭合差的允许值：$f_{h允}=\pm20\sqrt{L}$ 或 $f_{h允}=\pm6\sqrt{N}$，单位是 mm，式中 L 为以公里为单位的水准路线长度；N 为该路线总的测站数。如果算的结果是 $f_h<f_{h允}$，则可以进行高差闭合差调整，若 $f_h>f_{h允}$，则应立即进行重测该闭合路线。

三、四等水准测量注意事项

除遵守一般水准测量要求外，针对四等水准测量，还有以下要求：

（1）每站观测结束后应立即进行计算、检核，若有超限则重新设站观测。全路线观测并计算完毕，且各项检核均已符合，路线闭合差也在限差之内，即可收测。

（2）注意区别上、下视距丝和中丝读数，并记入记录表相应的顺序栏内。

（3）四等水准测量作业的集体性很强，全组人员一定要相互合作，密切配合，相互体谅。

（4）严禁为了快出成果而转抄、涂改原始数据。记录数据要用铅笔，字迹要工整、清洁。

（5）有关四等水准测量的技术指标限差规定见表 11 - 2。

表 11 - 2　　　　　　　　　四等水准测量的技术指标限差

等级	视线高度/m	视距长度/m	前后视距差/m	前后视距累积差/m	黑、红面分划读数差/mm	黑、红面分划所测高差之差/mm	路线高差闭合差/mm
四	≥0.2	≤80	≤5	≤10	≤3	≤5	$\pm 20\sqrt{L}$

四、任务评价

任务评价见表 11 - 3。

表 11 - 3　　　　　　　　　　　任　务　评　价

小组：_____　学号：_____　学生：_____　成绩：_____

工作项目		实训日期		计划学时	
工作内容					
教学方法		任务驱动（理论＋实践）			
工作目标	知识	能力		素质	
				认真、求实、合作精神	
工作重点及难点					
工作任务					
工作成果					
评价标准	A 很积极主动，团队合作很好 B 积极主动，团队合作好 C 较积极主动，团队合作尚好 D 不主动，合作尚好 E 不主动，合作差	A 内容全面，目标合理 B 内容全面，目标较合理 C 内容基本正确 D 内容不正确 E 无内容	A 方法应用很正确 B 方法正确 C 方法基本正确 D 方法不正确 E 无方法	A 形式美观，有特色 B 形式美观 C 形式合理 D 形式尚合理 E 形式不合理	综合

学生自评					
学生互评					
教师评价					
任务评价	学生自评（0.2）＋学生互评（0.3）＋教师评价（0.5）				
	A 90~100　　B 80~89　　C 70~79　　D 60~69　　E 60 分以下				

思 考 题

四等水准测量中一般测站数为偶数的目的是什么？

实训十二　全站仪的基本操作

★学习任务

（1）了解全站仪。

（2）掌握全站仪的基本操作。

※学习目标

（1）能够使用全站仪进行基本的测角、量边工作。

（2）理解棱镜常数的含义。

▲仪器和工具准备

（1）1台全站仪，1台经纬仪，1套棱镜，3个三脚架。

（2）自备：铅笔，记录纸。

一、知识准备

认识全站仪各部分构造。

主机：电池、物镜、目镜及物镜目镜的调焦螺旋、瞄准器、水平制动、微动螺旋、竖直制动、微动螺旋、水准管、圆水准器、脚螺旋、固定螺旋、显示屏、键盘、光学对中器等。

辅助构件：棱镜、对中杆、三脚架、棱镜基座等。

二、任务实施

全站仪与经纬仪在架设及测量角度方面有相同之处。通过与经纬仪对比，加深学生对全站仪的认识。

1. 操作步骤

（1）参照对比经纬仪的安置、对中、整平方式，将全站仪安置调平。有的型号全站仪可以激光对中，对中时也可以将激光打开，利用红外对中。

（2）开机：打开电源，纵向转动望远镜，观察屏幕检查是否提示倾斜超差，若提示，则表示全站仪没有整平，需重新调节。整平后调节最佳读数和测量背景。

（3）水平角测量

1）按角度测量键，使全站仪处于角度测量模式，照准第一个目标 A。

2）设置 A 方向的水平度盘读数为 $00°00'00''$。

3）照准第二个目标 B，此时显示的水平度盘读数即为两方向间的水平夹角。

（4）距离测量

1）设置棱镜常数。测距前须将棱镜常数输入仪器中，仪器会自动对所测距离进行改正。

2）设置大气改正值或气温、气压值。光在大气中的传播速度会随大气的温度和气压而变化，15℃和760mmHg是仪器设置的一个标准值，此时的大气改正为0。实测时，可输入温度和气压值，全站仪会自动计算大气改正值（也可直接输入大气改正值），并对测距结果进行改正。

3）量仪器高、棱镜高并输入全站仪。

4）距离测量。照准目标棱镜中心，按测距键，距离测量开始，测距完成时显示斜距、平距、高差。全站仪的测距模式有精测模式、跟踪模式、粗测模式三种。精测模式是最常用的测距模式，测量时间约2.5s，最小显示单位1mm；跟踪模式，常用于跟踪移动目标或放样时连续测距，最小显示一般为1cm，每次测距时间约0.3s；粗测模式，测量时间约0.7s，最小显示单位1cm或1mm。在距离测量或坐标测量时，可按测距模式（MODE）键选择不同的测距模式。

应注意，有些型号的全站仪在距离测量时不能设定仪器高和棱镜高，显示的高差值是全站仪横轴中心与棱镜中心的高差。

2. 训练要求

（1）全站仪在使用前应检查仪器中预先设定的棱镜常数是否与所用棱镜对应，若不对应，应及时改正。

（2）反光设备（如棱镜）距离全站仪镜头的距离不得小于1.5m，以免反光烧化全站仪元件。

（3）全站仪镜头不可瞄准太阳等强光物体，测量时镜头也不可对人。

三、全站仪使用注意事项

（1）使用前应检查仪器箱背带及提手是否牢固。

（2）开箱后提取仪器前，要看准仪器在箱内放置的方式和位置，装卸仪器时，必须握住提手，将仪器从仪器箱取出或装入仪器箱时，请握住仪器提手和底座，不可握住显示单元的下部。切不可拿仪器的镜筒，否则会影响内部固定部件，从而降低仪器的精度。应握住仪器的基座部分，或双手握住望远镜支架的下部。仪器用毕，先盖上物镜罩，并擦去表面的灰尘。装箱时各部位要放置妥帖，合上箱盖时应无障碍。

（3）在太阳光照射下观测仪器，应给仪器打伞，并带上遮阳罩，以免影响观测精度。在杂乱环境下测量，仪器要有专人守护。当仪器架设在光滑的表面时，要用细绳（或细铅丝）将三脚架三个脚联起来，以防滑倒。

（4）当架设仪器在三脚架上时，尽可能用木制三脚架，因为使用金属三脚架可能会产生振动，从而影响测量精度。

（5）当测站之间距离较远，搬站时应将仪器卸下，装箱后背着走。行走前要检查仪器箱是否锁好，检查安全带是否系好。如测站之间距离较近，搬站时可将仪器连同三脚架一起靠在肩上，但仪器要尽量保持直立放置。

（6）搬站之前，应检查仪器与脚架的连接是否牢固，搬运时，应把制动螺旋略微关住，使仪器在搬站过程中不致晃动。

（7）仪器任何部分发生故障，不勉强使用，应立即检修，否则会加剧仪器的损坏程度。

（8）元件应保持清洁，如沾染灰沙必须用毛刷或柔软的擦镜纸擦掉。禁止用手指抚摸仪器的任何光学元件表面。清洁仪器透镜表面时，请先用干净的毛刷扫去灰尘，再用干净的无线棉布沾酒精由透镜中心向外一圈圈的轻轻擦拭。除去仪器箱上的灰尘时切不可使用任何稀释剂或汽油，而应用干净的布块沾中性洗涤剂擦洗。

（9）湿环境中工作，作业结束，要用软布擦干仪器表面的水分及灰尘后装箱。回到办公室后立即开箱取出仪器放于干燥处，彻底晾干后再装箱内。

（10）冬天室内、室外温差较大时，仪器搬出室外或搬入室内，应隔一段时间后才能开箱。

（11）建议在电源打开期间不要将电池取出，因为此时存储数据可能会丢失，因此在电源关闭后再装入或取出电池。

（12）可充电池可以反复充电使用，但是如果在电池还存有剩余电量的状态下充电，则会缩短电池的工作时间，此时，电池的电压可通过刷新予以复原，从而改善作业时间，充足电的电池放电时间约需 8h。

（13）不要连续进行充电或放电，否则会损坏电池和充电器，如有必要进行充电或放电，则应在停止充电约 30min 后再使用充电器。不要在电池刚充电后就进行充电或放电，有时这样会造成电池损坏。

（14）超过规定的充电时间会缩短电池的使用寿命，应尽量避免电池剩余容量显示级别与当前的测量模式有关，在角度测量的模式下，电池剩余容量够用，并不能够保证电池在距离测量模式下也能用，因为距离测量模式耗电高于角度测量模式，当从角度模式转换为距离模式时，由于电池容量不足，不时会中止测距。

四、任务评价

任务评价见表 12-1。

表 12-1　　　　　　　　　　任 务 评 价

小组：_____　学号：_____　学生：_____　成绩：_____

工作项目		实训日期		计划学时	
工作内容					
教学方法		任务驱动（理论＋实践）			
	知识		能力		素质
工作目标					认真、求实、合作精神
工作重点及难点					
工作任务					

续表

工作成果					
评价标准	A很积极主动，团队合作很好 B积极主动，团队合作好 C较积极主动，团队合作尚好 D不主动，合作尚好 E不主动，合作差	A内容全面，目标合理 B内容全面，目标较合理 C内容基本正确 D内容不正确 E无内容	A方法应用很正确 B方法正确 C方法基本正确 D方法不正确 E无方法	A形式美观，有特色 B形式美观 C形式合理 D形式尚合理 E形式不合理	综合
学生自评					
学生互评					
教师评价					
任务评价	学生自评（0.2）＋学生互评（0.3）＋教师评价（0.5）				
	A 90～100　　B 80～89　　C 70～79　　D 60～69　　E 60 分以下				

思 考 题

简述什么是棱镜常数。

实训十三 全站仪坐标采集

★学习任务

（1）熟练操作全站仪。

（2）学习坐标采集方法。

※学习目标

（1）掌握全站仪坐标采集方法。

（2）能够熟练使用全站仪进行坐标采集。

▲仪器和工具准备

（1）1台全站仪，1个三脚架，1套棱镜。

（2）自备：铅笔，记录纸，画图纸。

一、知识准备

（1）确定地面点的空间位置需要用三个量，测量中一般用点在基准面上的投影位置（X，Y）及该点离基准面的高度（H）表示。

（2）全站仪能够得出空间点位的原理是仪器可以通过自行计算，找到正北方向，进而确定空间点位。所以在全站仪进行数据采集之前，首先要进行测站设置。

二、任务实施

利用两个已知的坐标点坐标，完成全站仪测站设置。然后将棱镜放在需要采集数据的点上，用全站仪的测量功能采集坐标。采集数据之前，首先设置棱镜常数、大气改正值或气温、气压值等相关参数。

1. 操作步骤

（1）设定测站点的三维坐标。

1）按菜单键进入主菜单，按对应键选择数据采集功能。

2）新建文件夹，按"输入测站点"键，键入点名、编码，再按确认键。

3）按"测站设置"键进入到测站点坐标输入界面，输入坐标N、E、Z的值。按回车键确认后结束。

4）然后进入到仪器高的输入界面，输入仪器高度，按回车键确认。完成测站点的设置。

（2）设定后视点的坐标，当设定后视点的坐标时，全站仪会自动计算后视方向的方位角，并设定后视方向的水平度盘读数为其方位角。

1）回到数据采集菜单。在数据采集菜单中按"输入后视点"键。

2）进入后视点输入界面，进行后视点坐标输入（也可以按"定向"键，输入距离及相应角度），按回车键确认。此时，仪器显示屏上显示后视点方位角，同时提示是否已经照准后视点，转动全站仪用十字丝中点照准后视点，按回车键确定后，完成后视点的设置。

（3）采集数据。

回到数据采集菜单。用全站仪十字丝中点照准目标棱镜中心，按坐标测量键，全站仪开始测量并显示测点的三维坐标。测量完成后，按记录键，记录数据。记录之后重复以上操作，可进行下一个点的坐标测量工作。

2. 训练要求

（1）学员应具备坐标反算能力，即通过两个已知坐标计算导线方位角及导线长度。

（2）学员应掌握测量草图的画法，在采集数据的同时直接绘制简易地形图，以方便制图员读用采集的数据。

三、全站仪采集数据注意事项

（1）设置棱镜常数。测距前须将棱镜常数输入仪器中，仪器会自动对所测距离进行改正。

（2）设置大气改正值或气温、气压值。光在大气中的传播速度会随大气的温度和气压而变化，15℃和 760mmHg 是仪器设置的一个标准值，此时的大气改正为 0。实测时，可输入温度和气压值，全站仪会自动计算大气改正值（也可直接输入大气改正值），并对测距结果进行改正。

（3）方位角所用的坐标系是高斯坐标系，它的纵轴是 X 轴（也即 N 方向），它的横轴是 Y 轴（也即 E 方向），和原来的直角坐标系正好相反。

（4）学员架立仪器应高度注意，避免在测量中全站仪出现倾斜超差情况。

（5）学员应提前了解全站仪工作时的温度、气压等影响全站仪数据采集的因素。

四、任务评价

任务评价见表 13-1。

表 13-1　　　　　　　　　　任 务 评 价

小组：_____　学号：_____　学生：_____　成绩：_____

工作项目		实训日期		计划学时
工作内容				
教学方法		任务驱动（理论＋实践）		
工作目标	知识	能力		素质
				认真、求实、合作精神
工作重点及难点				
工作任务				

续表

工作成果					
评价标准	A很积极主动，团队合作很好 B积极主动，团队合作好 C较积极主动，团队合作尚好 D不主动，合作尚好 E不主动，合作差	A内容全面，目标合理 B内容全面，目标较合理 C内容基本正确 D内容不正确 E无内容	A方法应用很正确 B方法正确 C方法基本正确 D方法不正确 E无方法	A形式美观，有特色 B形式美观 C形式合理 D形式尚合理 E形式不合理	综合
学生自评					
学生互评					
教师评价					
任务评价	学生自评（0.2）＋学生互评（0.3）＋教师评价（0.5）				
	A 90～100　　B 80～89　　C 70～79　　D 60～69　　E 60分以下				

思 考 题

如何在没有已知点坐标的情况下进行简易测站设置？

实训十四　全站仪坐标放样

★学习任务

(1) 熟练使用全站仪。

(2) 进行全站仪外业观测。

※学习目标

(1) 掌握全站仪坐标放样方法。

(2) 能够正确地进行外业记录、计算。

▲仪器和工具准备

(1) 1台全站仪，1套棱镜，2个三脚架。

(2) 自备：记号笔，铅笔，记录纸，画图纸。

一、知识准备

(1) 在进行放样之前首先将仪器置于盘左位置，将水平角置于 HR。

(2) 空间坐标系是过空间定点 O 作三条互相垂直的数轴，它们都以 O 为原点，具有相同的单位长度。这三条数轴分别称为 X 轴（横轴）、Y 轴（纵轴）、Z 轴（竖轴），统称为坐标轴。

二、任务实施

利用全站仪进行坐标放样，首先要设置测站及设置后视点，然后进行坐标放样。

1. 操作步骤

(1) 选取两个已知点，一个作为测站点，另外一个为后视点，并明确标注。

(2) 取出全站仪，将仪器架于测站点，进行对中整平后量取仪器高。

(3) 将棱镜置于后视点，转动全站仪，使全站仪十字丝中心对准棱镜中心。

(4) 开启全站仪，选择"程序"进入程序界面，选择"坐标放样"，进入坐标放样界面，选择"设置测站"，进入后设置测站点点名，输入测站点坐标及高程，确定后进入设置后视点界面，设置后视点，确认全站仪对准棱镜中心后输入后视点坐标及高程，点确定后弹出设置方向值界面并选择"是"，设置完毕。

(5) 然后进入设置放样点界面，首先输入仪器高，点确定，接着输入放样点点名，确定后输入放样点坐标及高程，完成确定后输入棱镜高，此时放样点参数设置结束，开始进行放样。

(6) 在放样界面选择"角度"进行角度调整，转动全站仪将 dHR 项参数调至零，并固定全站仪水平制动螺旋，然后指挥持棱镜者将棱镜立于全站仪正对的地方，调节全站仪垂直制动螺旋及垂直微动螺旋使全站仪十字丝居于棱镜中心，此时棱镜位于全站仪与放样点的连线上，接着进入距离调整模式，若 dHD 值为负，则棱镜需向远离全站仪的方向走，反之向靠近全站仪的方向走，直至 dHD 的值为零时棱镜所处的位置即为放样点，将该点标记，第一个放样点放样结束，然后进入下一个放样点的设置并进行放样，直至所有放样点放样结束。

（7）退出程序后关机，收好仪器装箱，放样工作结束。

2. 训练要求

（1）学员应该具备坐标正算能力。即通过已知坐标及相应距离、角度推断未知点坐标。

（2）学员应该具有随机估算短距离长度的能力。即以自身为参照物，快速估计放样所需要距离。

三、全站仪放样注意事项

（1）观测前对所用仪器和工具，认真检查，保证全站仪电力充足。

（2）测量之前应检查棱镜，查看棱镜常数和全站仪预先设置的常数是否一致。

（3）关注全站仪屏幕上是否有倾斜超差提示。

（4）记录员要复诵读数，以便核对。记录要整洁、清楚端正。如果有错，不能用橡皮擦去而应在改正处划一横，在旁边注上改正后的数字。

（5）在烈日下作业要撑伞遮住阳光避免全站仪元件受热而影响其稳定性。

四、任务评价

任务评价见表 14-1。

表 14-1

任 务 评 价

小组：_____　学号：_____　学生：_____　成绩：_____

工作项目		实训日期		计划学时	
工作内容					
教学方法		任务驱动（理论＋实践）			
工作目标	知识	能力		素质	
				认真、求实、合作精神	
工作重点 及难点					
工作任务					
工作成果					

续表

评价标准	A很积极主动，团队合作很好 B积极主动，团队合作好 C较积极主动，团队合作尚好 D不主动，合作尚好 E不主动，合作差	A内容全面，目标合理 B内容全面，目标较合理 C内容基本正确 D内容不正确 E无内容	A方法应用很正确 B方法正确 C方法基本正确 D方法不正确 E无方法	A形式美观，有特色 B形式美观 C形式合理 D形式尚合理 E形式不合理	综合
学生自评					
学生互评					
教师评价					
任务评价	学生自评（0.2）＋学生互评（0.3）＋教师评价（0.5）				
	A 90～100　　B 80～89　　C 70～79　　D 60～69　　E 60分以下				

思 考 题

简述全站仪可以进行坐标放样的原理。

实训十五　地面高程点的放样

★学习任务

(1) 了解地面高程点放样的内容。

(2) 掌握地面高程点放样方法。

※学习目标

(1) 能够进行点的平面位置放样。

(2) 能够进行点的高程放样。

▲仪器和工具准备

(1) 水准仪及三脚架1套，经纬仪及三脚架1套，水准尺，图纸，钢尺。

(2) 自备：铅笔，草稿纸，记录纸。

一、知识准备

测设工作是根据工程设计图纸上待建的建筑物、构筑物的轴线位置、尺寸及其高程，算出待建的建筑物、构筑物各特征点（或轴线交点）与控制点（或已建成建筑物特征点）之间的距离、角度、高差等测设数据，然后以地面控制点为根据，将待建的建、构筑物的特征点在实地测定出来并标记，以便施工。

不论测设对象是建筑物还是构筑物，测设的基本工作是测设控制点的位置和高程。

二、任务实施

通过读图，结合已知地面控制点，在实地上引测出施工图上标注的点的位置，并测出该点高程。

1. 操作步骤

(1) 点位测设。

1) 测设前的准备工作。

a. 放样前，根据导线点坐标及提供设计点坐标，绘出放样的草图。

b. 根据坐标反算公式计算测站导线点至待放样点的水平距离及方位角，并算出放样时拨角 β 大小；将其表示在草图上。

2) 平面点位测设方法。采用极坐标法放样点位。将仪器架设在确定的导线点上，按草图上标示的后视方向瞄准后视点，调整水平度盘的读数使之为 $00°00'00''$（即为零方向）或任意度数 a_0，转动望远镜，使度盘读数为放样角 β 或 $\beta+a_0$ 时，固定仪器照准部；沿视线方向量取计算的放样距离，即可在实地标定出设计点位。同理，可在其他测站上标定出其他点位。标定出点位后，再检测点的角度距离或各点位之间的实地距离（是否与坐标反算距离相等），并记录在手簿上。若采用全站仪坐标放样点位时，利用仪器的坐标放样功能，将已知点的坐标输入仪器，由仪器计算后视方位角和放样点的方位角及距离，由观测者指挥反射镜移动，进行点位测设。标定出点位后，再用全站仪检测点位的实际坐标，并记录在手簿上。

（2）高程测设。在待测设点和已知导线点中间架设水准仪，根据导线点高程及后视读数计算出视线高，将其减去待测设点的设计高程即为前视应读数时，据此上下移动水准尺，在正确的读数位置时，水准尺底端位置即为放样位置。

2. 训练要求

（1）点的平面位置放样。根据导线点坐标及提供的设计点坐标，按极坐标法（或其他方法）在现场标定出若干点位，要求每人至少放样一个点。

（2）点的高程放样。根据已测设的导线点高程数据及提供的设计高程值，用水准仪按极坐标法在现场标定出若干点高程位置，要求每人至少放样一个高程点。

三、地面高程点放样的注意事项

（1）观测前对水准仪和经纬仪进行检验和校正。

（2）在测量之前，保证计算正确性，并应由其他成员核算。

（3）选取的点位参照物应该具有特殊性。

（4）读完数后应再次检查气泡是否仍然吻合，否则应重读。

（5）记录员要复诵读数，以便核对。记录要整洁、清楚端正。如果有错，不能用橡皮擦去，而应在改正处划一横，在旁边注上改正后的数字。

（6）在烈日下作业要撑伞遮住阳光，避免气泡因受热不均而影响其稳定性。

四、任务评价

任务评价见表 15-1。

表 15-1 　　　　　　　　　　任 务 评 价

小组：_____ 学号：_____ 学生：_____ 成绩：_____

工作项目		实训日期		计划学时	
工作内容					
教学方法	任务驱动（理论＋实践）				
工作目标	知识		能力		素质
					认真、求实、合作精神
工作重点及难点					
工作任务					

续表

工作成果					
评价标准	A 很积极主动，团队合作很好 B 积极主动，团队合作好 C 较积极主动，团队合作尚好 D 不主动，合作尚好 E 不主动，合作差	A 内容全面，目标合理 B 内容全面，目标较合理 C 内容基本正确 D 内容不正确 E 无内容	A 方法应用很正确 B 方法正确 C 方法基本正确 D 方法不正确 E 无方法	A 形式美观，有特色 B 形式美观 C 形式合理 D 形式尚合理 E 形式不合理	综合
学生自评					
学生互评					
教师评价					
任务评价	学生自评（0.2）＋学生互评（0.3）＋教师评价（0.5）				
	A 90～100　　　B 80～89　　　C 70～79　　　D 60～69　　　E 60 分以下				

思　考　题

简述地面高程点放样的内容。

实训十六　对　边　测　量

★学习任务

(1) 掌握对边测量的原理。

(2) 明确对边测量精度评定方法。

(3) 熟练掌握对边测量的具体施测方法。

※学习目标

(1) 能够描述对边测量的原理。

(2) 能够熟练运用全站仪完成对边测量确定点坐标的任务。

▲仪器和工具准备

(1) 1 台全站仪，2 个棱镜。

(2) 自备：铅笔，草稿纸。

一、知识准备

1. 对边测量原理

对边测量是指间接地测定远处两测点间的斜距、平距、高差，尽管这两点之间可能是不通视的。对边测量可以连续测量第 1 个目标点（即起始点）与第 2 个、第 3 个……目标点之间的斜距、平距、高差。

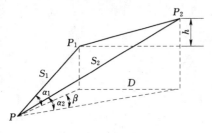

图 16-1　对边测量原理

如图 16-1 所示，P 为测站，P_1 为起始点，P_2 为目标点，在与 P_1、P_2 通视的任意点 P 上安置全站仪（对中、整平）。首先观测至 P_1、P_2 的斜距 S_1、S_2，竖直角 α_1、α_2，以及 PP_1 至 PP_2 间的水平夹角 β，然后可由余弦公式计算 P_1P_2 的平距 D 和高差 h：

$$D = \sqrt{s_1^2 \cos^2\alpha_1 + S_2^2 \cos^2\alpha_2 - 2S_1 S_2 \cos\alpha_1 \cos\alpha_2 \cos\beta}$$
$$h = S_2 \sin\alpha_2 - S_1 \sin\alpha_1$$

2. 精度评定

设 $D_1 = S_1 \cos\alpha_1$ 是 PP_1 间的水平距离，$D_2 = S_2 \cos\alpha_2$ 是 P_1P_2 间的水平距离，则：

将上式全微分并整理：
$$dD = \cos\beta_1 dD_1 + \cos\beta_2 dD_2 + \frac{h d\beta}{\rho}$$

对边测量平面投影（图 16-2）：

由图 16-2 得出
$$D_1 - D_2 \cos\beta = D\cos\beta_1$$

$$D_2 - D_1\cos\beta = D\cos\beta_2$$

三角形 PP_1P_2 的 2 倍面积为

$$2S_{PP_1P_2} = D_1D_2\sin\beta = Dh$$

将以上各式整理得出

$$m_D^2 = \cos^2\beta_1 m_{D1}^2 + \cos^2 m_{D2}^2 + \frac{h^2 m_\beta^2}{\rho^2}$$

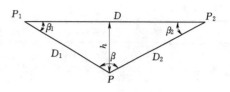

图 16-2 对边测量平面投影

由误差传播定律可得:

当测距、测角精度一定后,对边测量的精度主要取决于测站离测点的远近,距离越近,精度越高。因此,在选取测站时,要尽量使测站靠近测点。

3. 观测步骤

(1) 在距离测量模式下,单击"对边"键进入对边测量功能。

(2) 选择相应模式 $A-B$,$A-C$。

(3) 照准棱镜 A,单击"测距"键。显示仪器和棱镜 A 之间的平距。单击"继续"键。

(4) 照准棱镜 B,单击"测距"键。"继续"显示棱镜 A 与棱镜 B 之间的平距 (dHD)、高差 (dVD) 和斜距 (dSD)。

二、任务实施

1. 测量形式

已知教学楼南北两侧各有一个点,分别为点 A、B,试通过对边测量测出 A、B 两点间的距离。

2. 操作步骤 ($A-B$,$A-C$)

测量步骤见表 16-1。

表 16-1 对边测量步骤

操 作 步 骤	按键	显 示
1. 距离测量模式下,单击"对边"键进入对边测量功能	"对边"	
2. 用笔针选择 $A-B$,$A-C$		

操 作 步 骤	按键	显 示
3. 照准棱镜 A，单击"测距"键。显示仪器和棱镜 A 之间的平距	"测距"	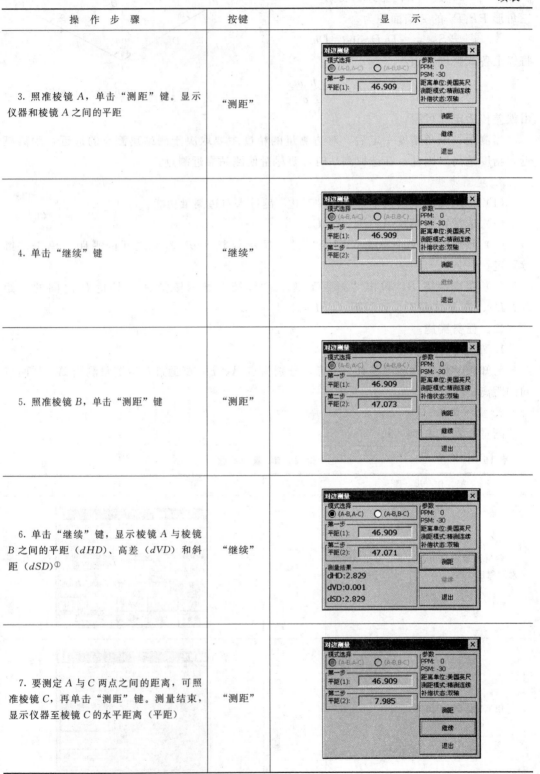
4. 单击"继续"键	"继续"	
5. 照准棱镜 B，单击"测距"键	"测距"	
6. 单击"继续"键，显示棱镜 A 与棱镜 B 之间的平距（dHD）、高差（dVD）和斜距（dSD）[①]	"继续"	
7. 要测定 A 与 C 两点之间的距离，可照准棱镜 C，再单击"测距"键。测量结束，显示仪器至棱镜 C 的水平距离（平距）	"测距"	

续表

操 作 步 骤	按键	显 示
8. 单击"继续"键，显示棱镜 A 与棱镜 C 之间的平距（dHD），高差（dVD）和斜距（dSD）	"继续"	对边测量 模式选择 ◉(A-B,A-C) ○(A-B,B-C) 参数 PPM: 0 PSM: -30 距离单位:美国英尺 测距模式:精测连续 补偿状态:双轴 第一步 平距(1): 46.909 第二步 平距(2): 7.984 测量结果 dHD:38.963 dVD:-0.233 dSD:38.964 测距 继续 退出

① 单击"退出"或按"ESC"键可返回到主菜单。

3. 训练要求

（1）班级学生自由组合为若干个学习小组，各学习小组各组通过查找相关资料讨论分析对边测量施测的具体方法类型。

（2）各小组在老师指导下学习对边测量原理，操作全站仪完成对边测量。

三、对边测量注意事项

由于测量误差是不可避免的，我们无法完全消除其影响。但是可采取一定的措施减弱其影响，以提高测量成果的精度。因此，在选取测站时，要尽量使测站靠近测点。

四、任务评价

任务评价表见表 16 - 2。

表 16 - 2 任 务 评 价

小组：_____ 学号：_____ 学生：_____ 成绩：_____

工作项目		实训日期		计划学时	
工作内容					
教学方法		任务驱动（理论＋实践）			
工作目标	知识	能力		素质	
				认真、求实、合作精神	
工作重点及难点					
工作任务					
工作成果					
评价标准	A 很积极主动，团队合作很好 B 积极主动，团队合作好 C 较积极主动，团队合作尚好 D 不主动，合作尚好 E 不主动，合作差	A 内容全面，目标合理 B 内容全面，目标较合理 C 内容基本正确 D 内容不正确 E 无内容	A 方法应用很正确 B 方法正确 C 方法基本正确 D 方法不正确 E 无方法	A 形式美观，有特色 B 形式美观 C 形式合理 D 形式尚合理 E 形式不合理	综合

工作项目		实训日期		计划学时	
学生自评					
学生互评					
教师评价					
任务评价	学生自评（0.2）＋学生互评（0.3）＋教师评价（0.5）				
	A 90～100　　B 80～89　　C 70～79　　D 60～69　　E 60分以下				

实 训 报 告

一、思考题

1. 在下图仪器部件的名称旁边注写其作用

粗瞄准器

提手
提手锁紧螺旋

望远镜调焦
目标

仪器中心标志

仪器号码

显示屏
水平微动螺旋
面板按键

仪器型号
下对点

圆水准器

基座锁紧钮

2. 正确填写全站仪辅助设备的名称

二、实训总结

实训十七　全站仪悬高测量

★**学习任务**

（1）掌握悬高测量的原理。

（2）明确悬高测量精度评定方法。

（3）熟练掌握悬高测量的具体施测方法。

※**学习目标**

（1）能够描述悬高测量的原理。

（2）能够熟练运用全站仪完成悬高测量确定点坐标的任务。

▲**仪器和工具准备**

（1）1 台全站仪，1 套棱镜。

（2）自备：铅笔，草稿纸。

一、知识准备

1. 悬高测量原理

根据图形（图 17-1）的几何关系推出下列公式：

$$H = D\tan\alpha_2 - D\tan\alpha_1 + v$$

其中　　$D = S\cos\alpha_1$

则　　$H = S\cos\alpha_1 \tan\alpha_2 - S\sin\alpha_1 + v$

$$H_M = H_B + H$$

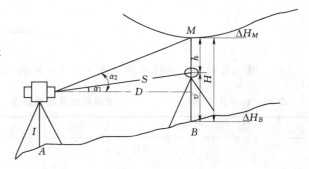

图 17-1　悬高测量原理

M—待测悬高点；α_2—仪器到 M 点的倾角；D—仪器到棱镜的平距；
S—仪器到棱镜的斜距；I—仪器高；H_M—M 点的高程；
v—棱镜高；H_B—B 点的高程；α_1—仪器到棱镜的倾角

2. 精度评定

对式 $H = S\cos\alpha_1 \tan\alpha_2 - S\sin\alpha_1 + v$
进行全微分：

$$dH = \cos\alpha_2 \tan\alpha_1 ds - \frac{S\tan\alpha_2 \sin\alpha_1 d\alpha_1}{\rho} + \frac{S\cos\alpha_1 \sec^2\alpha_2 d\alpha_2}{\rho}$$

$$- \sin\alpha_1 dS - \frac{S\cos\alpha_1 d\alpha_1}{\rho} + dv$$

由误差传播定律得

设 $|\alpha_2| \leqslant 45°$，则 $\tan^2\alpha_2 \leqslant 1$、$\sec^4\alpha_2 \leqslant 4$，同时令 $m_{\alpha_1} = m_{\alpha_2} = m_\alpha$，则有

$$m_H^2 \leqslant \cos^2\alpha_1 m_S + \frac{S^2 \sin^2\alpha_1 m_\alpha^2}{\rho^2} + \frac{4S^2 \cos^2\alpha_1 m^2\alpha}{\rho^2} + \sin^2\alpha_1 m_S^2 + \frac{S^2 \cos^2\alpha_1 m_H^2}{\rho^2} + m_v^2$$

又因 $\cos^2\alpha_1 \leqslant 1$，所以可近似为

$$m_H^2 = \cos^2\alpha_1 \tan^2\alpha_2 m_S^2 + \frac{S^2 \tan^2\alpha_2 \sin^2\alpha_1 m_{a_1}^2}{\rho^2} + \frac{S^2 \cos^2\alpha_1 \sec^4\alpha_2 m_{a_2}^2}{\rho^2} + \sin^2\alpha_1 m_S^2 - \frac{S^2 \cos^2\alpha_1 m_{a_1}^2}{\rho^2} + m_v^2$$

$$m_H^2 = m_S^2 + \frac{S^2 m_a^2}{\rho^2} + m_v^2$$

3. 观测步骤

（1）在待测物体的正下方，量取棱镜高。

（2）在距离测量模式下，单击"悬高"键进入悬高测量功能。

（3）用笔针单击"有棱镜高"，输入棱镜高。

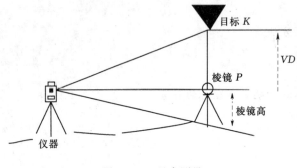

图 17 - 2 悬高测量

（4）照准目标棱镜中心，单击"测距"键。开始观测，显示仪器至棱镜之间的水平距离（平距）。

（5）单击"继续"键，棱镜位置即被确定。

（6）照准目标 K，显示垂直距离（高差）。

二、任务实施

如图 17 - 2 所示，试用悬高测量原理测量男生宿舍楼四楼某窗台的高度。

1. 操作步骤

（1）输入棱镜高。操作示例见表 17 - 1（举例：$h = 1.5$m）。

表 17 - 1　　　　　　　　　　全站仪悬高测量步骤（一）

操 作 步 骤	按键	显 示
1. 距离测量模式下，单击"悬高"键进入"悬高"测量功能。	"悬高"	基本测量-距离测量 垂直角(V): 92°17'24" 水平角(HR): 65°45'06" 斜距(dSD): >>> 平距(HD): 高差(VD): 模式 m/ft 放样 悬高 对边 就高
2. 如右图所示，用笔针单击"有棱镜高"	"有棱镜高"	悬高测量 选项 ⦿有棱镜高 ○无棱镜高 测量 平距(HD): 棱镜高: 0 测距 继续 退出

88

操 作 步 骤	按键	显　　示
3. 输入棱镜高	输入棱镜高	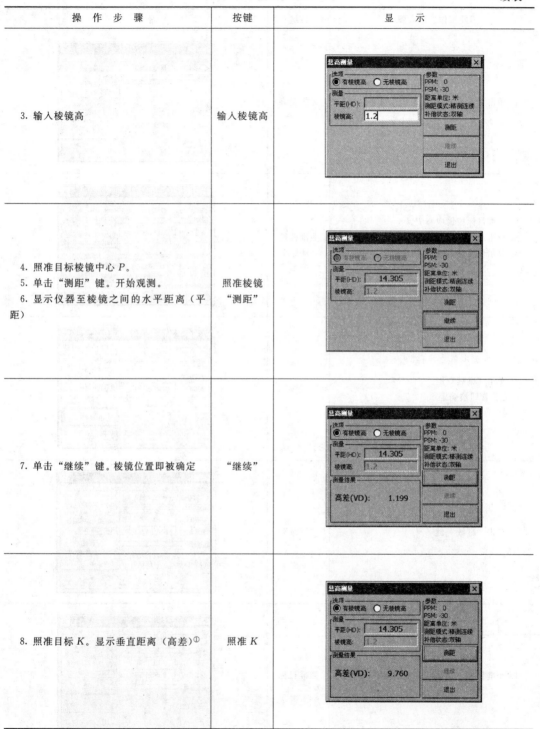
4. 照准目标棱镜中心 P。 5. 单击"测距"键。开始观测。 6. 显示仪器至棱镜之间的水平距离（平距）	照准棱镜 "测距"	
7. 单击"继续"键。棱镜位置即被确定	"继续"	
8. 照准目标 K。显示垂直距离（高差）[①]	照准 K	

① 若要退出悬高测量，单击"退出"或按"ESC"键。

（2）不输入棱镜高。操作示例见表 17 - 2。

表 17 - 2　　　　　　　全站仪悬高测量步骤（二）

操 作 步 骤	按键	显　示
1. 单击"无棱镜高"	无棱镜高	
2. 照准目标棱镜中心 P。 3. 单击"测距"键。开始观测。 4. 显示仪器至棱镜之间的水平距离（平距）	照准棱镜 "测距"	平距(HD): 14.298
5. 单击"继续"键。 G 点位置即被确定	"继续"	平距(HD): 14.298 垂直角(V): 89°54'49"
6. 单击"继续"键	"继续"	平距(HD): 14.298 垂直角(V): 89°54'53" 高差(VD): 0.000
7. 照准目标 K。显示垂直距离（高差）[①]	照准目标	平距(HD): 14.298 垂直角(V): 89°54'53" 高差(VD): 2.496

① 若要退出悬高测量，单击"退出"或按"ESC"键。

2. 训练要求

（1）班级学生自由组合为若干个学习小组，各学习小组通过查找相关资料讨论分析悬高测量施测的具体方法类型。

（2）各小组在老师指导下学习悬高测量原理，操作全站仪完成悬高测量。

（3）参考资料：NTS－962RL 型号全站仪使用说明、相似测图工程技术设计书实例等。

三、悬高测量注意事项

由于测量误差是不可避免的，我们无法完全消除其影响。但是可采取一定的措施减弱其影响，以提高测量成果的精度。注意在测量过程中，棱镜站和悬高点必须在同一条铅垂线上。

四、任务评价

任务评价见表 17－3。

表 17－3   任 务 评 价

小组：_____   学号：_____   学生：_____   成绩：_____

工作项目			实训日期		计划学时	
工作内容						
教学方法		任务驱动（理论＋实践）				
工作目标	知识		能力		素质	
					认真、求实、合作精神	
工作重点及难点						
工作任务						
工作成果						
评价标准	A 很积极主动，团队合作很好 B 积极主动，团队合作好 C 较积极主动，团队合作尚好 D 不主动，合作尚好 E 不主动，合作差		A 内容全面，目标合理 B 内容全面，目标较合理 C 内容基本正确 D 内容不正确 E 无内容	A 方法应用很正确 B 方法正确 C 方法基本正确 D 方法不正确 E 无方法	A 形式美观，有特色 B 形式美观 C 形式合理 D 形式尚合理 E 形式不合理	综合
学生自评						
学生互评						
教师评价						
任务评价		学生自评（0.2）＋学生互评（0.3）＋教师评价（0.5）				
	A 90～100 B 80～89 C 70～79 D 60～69 E 60 分以下					

实训十八 全站仪偏心测量

★学习任务

（1）掌握偏心测量的原理。

（2）明确偏心测量精度评定方法。

（3）熟练掌握偏心测量的具体施测方法。

※学习目标

（1）能够描述悬高测量的原理。

（2）能够熟练运用全站仪完成偏心测量确定点坐标的任务。

▲仪器和工具准备

（1）1台全站仪、1~2个棱镜、钢尺。

（2）自备：铅笔、草稿纸。

一、知识准备

1. 角度偏心测量

如图18-1所示，全站仪安置在某一已知点 A，并照准另一已知点 B 进行定向；然后，将偏心点 C（棱镜）设置在待测点 P 的左侧（或右侧），并使其到测站点 A 的距离等于待测点 P 到测站点的距离；选择程序功能对偏心点进行测量；最后再照准待测点方向。仪器就会自动计算并显示待测点的坐标。显然，角度偏心测量适合于待测点与测站点通视，但其上无法安置反射棱镜的情况。计算公式如下：

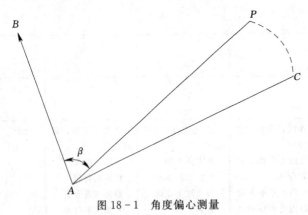

图18-1 角度偏心测量

$$x_P = x_A + S\cos\alpha\cos\ (\alpha_{AB} + \beta)\Big\}$$
$$y_P = y_A + S\cos\alpha\sin\ (\alpha_{AB} + \beta)\Big\}$$

式中 S、α——测站点 A 到偏心点 C（棱镜）的斜距和竖直角；

x_A、y_A——已知点 A 的坐标；

α_{AB}——已知边的坐标方位角；

β——未知边 AP 与已知边 AB 的水平夹角，当未知边 AP 在已知边 AB 的右侧时，取"$-\beta$"。

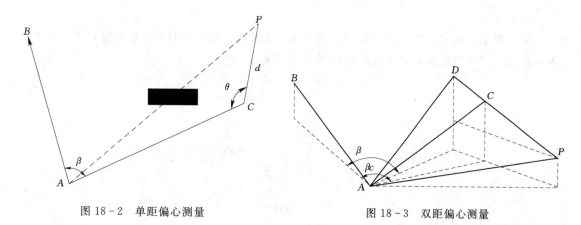

图 18-2 单距偏心测量　　　　　　　　图 18-3 双距偏心测量

2. 单距偏心测量

如图 18-2 所示，待定点 P 与测站点 A 不通视。欲测定 P 点，将全站仪安置在已知点 A，并照准另一已知点 B 进行定向；将反射棱镜设置在待测点 P 附近的一个适当位置 C。选择程序功能后输入待测点 P 与偏心点 C 之间的距离 d 和 CA 与 CP 的水平夹角 θ（偏心角），并对偏心点 C 进行观测，仪器就会自动显示待测点 P 的坐标 (x, y) 或测站点到测点的距离 D 和方位角 α_{AB}。显然，单距离偏心测量适合于待测点与测站点不通视的情况。

3. 双距偏心测量

此功能可以方便地测量出某些不通视或不便于立反射镜点的三维坐标，即棱镜无法到达的目标点，与两个棱镜杆构成三点一线的情况下，如图 18-3 所示通过观测 D 点 1 号棱镜和 C 点 C 点 2 号棱镜后，再量取 C 点到目标点 P 的距离，全站仪可推算出目标点 P 的坐标。

或者，通过观测 D 点 1 号棱镜和 C 点 2 号棱镜后，水平转动望远镜瞄准目标点 P 的方向，基于偏移的角度，全站仪可推算出目标点的坐标。

4. 观测步骤

（1）单击"偏心"键。

（2）在弹出的对话框中单击相应模式键，进入相应的偏心测量模式。

（3）用笔针进行相应项选择活输入参数，选择开始偏心测量。

（4）照准棱镜 P，单击"测量"键进行测量。

（5）用水平制动和微动螺旋照准目标点，单击"继续"键，显示仪器到目标点的斜距、平距、高差及坐标。

二、任务实施

任务 1

已知有两个控制测量点 A 和 B，一个未知点 P。如图 18-4 所示，由于地形原因 A 点无法安置棱镜，试用角度偏心测量测方法求出未知点 P 的坐标。

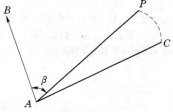

图 18-4 角度偏心测量任务示意图

任务 2

某大青山上灌木丛生，通视较差。如图 18-5 所示，已知有两个控制测量点 P、M 和未知点 A，试用单距偏心测量方法测出 A 点的坐标。

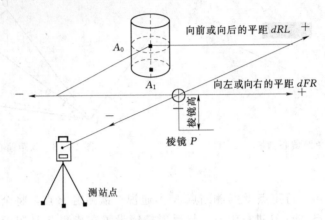

图 18-5 距离偏心测量任务示意图

1. 操 作 步 骤

（1）角度偏心测量模式。其测量步骤见表 18-1。

表 18-1　　　　　　　　　　角度偏心测量模式的操作步骤

操 作 步 骤	按键	显 示
1. 单击"偏心"键 2. 在弹出的对话框中单击"角度偏心"键，进入角度偏心测量	"偏心"	基本测量—坐标测量　　参数 垂直角(V)：92°44′39″　PPM：0　PSM：-30 水平角(HR)：38°11′56″　距离单位：米 北坐标(N)：102.978　测距模式：跟踪测量 末坐标(E)：102.343　补偿状态：双轴 高程(Z)：9.778 模式　设站　角度偏心 设置　导线　距离偏心 圆柱偏心 平面偏心
3. 用笔针选择"自由垂直角"（或"锁定垂直角"）开始角度偏心测量（用户可根据作业需要选择垂直角设置方式）		角度偏心 选项　●自由垂直角 ○固定垂直角　参数 测量　　　　　　　　　PPM：0 PSM：-30 平距(HD)：　　　　　距离单位：米 测距模式：精测连续 补偿状态：双轴 测量　继续　设置　退出

续表

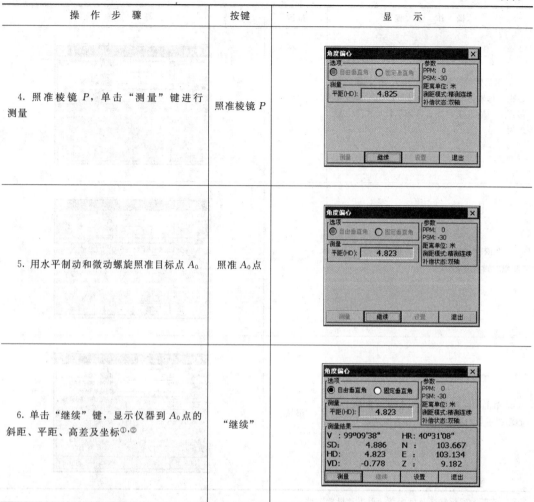

操 作 步 骤	按键	显 示
4. 照准棱镜 P，单击"测量"键进行测量	照准棱镜 P	
5. 用水平制动和微动螺旋照准目标点 A_0	照准 A_0 点	
6. 单击"继续"键，显示仪器到 A_0 点的斜距、平距、高差及坐标[1][2]	"继续"	

① 若要设置仪器高及目标高，单击"设置"键。
② 若要退出，单击"退出"或按"Esc"键。

（2）单距偏心测量模式。其测量步骤见表 18-2。

表 18-2　　　　　　　　　　单距偏心测量模式的操作步骤

操 作 步 骤	按键	显 示
1. 在偏心对话框中单击"距离偏心"键，进入距离偏心测量	"距离偏心"	

操 作 步 骤	按键	显 示
2. 用笔针将光标移到"输入项",输入偏心距,每输入一项,按"ENT"键将光标移到下一输入项,或直接用笔针单击下一输入项		
3. "dRL"项输入完毕,照准棱镜,单击"测量"键开始测量	"测量"	
4. 单击"继续"键,将会显示出加上偏心距改正后的测量结果。如右图所示①·②	"继续"	

① 若要设置仪器高及目标高,单击"设置"键。

② 若要退出,单击"退出"或按"Esc"键。

2. 训练要求

(1) 班级学生自由组合为若干个学习小组,各学习小组通过查找相关资料讨论分析偏心测量施测的具体方法类型。

(2) 各小组在老师指导下学习偏心测量原理,操作全站仪完成偏心测量。

(3) 参考资料:NTS-962RL 型号全站仪使用说明、相似测图工程技术设计书实例等。

三、偏心测量注意事项

由于测量误差是不可避免的,我们无法完全消除其影响。但是可采取一定的措施减弱其影响,以提高测量成果的精度。角度偏心测量适合于待测点与测站点通视,但其上无法安置反射棱镜的情况。单距离偏心测量适合于待测点与测站点不通视的情况。

四、任务评价

任务评价见表 18-3。

表 18 - 3　　　　　　　　　　　**任 务 评 价**

小组：＿＿＿＿　学号：＿＿＿＿　学生：＿＿＿＿　成绩：＿＿＿＿

工作项目		实训日期		计划学时	
工作内容					
教学方法		任务驱动（理论＋实践）			
工作目标	知识	能力		素质	
				认真、求实、合作精神	
工作重点及难点					
工作任务					
工作成果					
评价标准	A很积极主动，团队合作很好　　B积极主动，团队合作好　　C较积极主动，团队合作尚好　　D不主动，合作尚好　　E不主动，合作差	A内容全面，目标合理　　B内容全面，目标较合理　　C内容基本正确　　D内容不正确　　E无内容	A方法应用很正确　　B方法正确　　C方法基本正确　　D方法不正确　　E无方法	A形式美观，有特色　　B形式美观　　C形式合理　　D形式尚合理　　E形式不合理	综合
学生自评					
学生互评					
教师评价					
任务评价	学生自评（0.2）＋学生互评（0.3）＋教师评价（0.5）				

A 90～100　　B 80～89　　C 70～79　　D 60～69　　E 60分以下

实训十九 全站仪面积测量

★学习任务

(1) 掌握面积测量的原理。

(2) 明确面积测量精度评定方法。

(3) 熟练掌握面积测量的具体施测方法。

※学习目标

(1) 能够熟练描述面积测量的原理。

(2) 明确面积测量时应当注意的问题。

(3) 能够熟练使用全站仪完成面积测量任务。

▲仪器和工具准备

(1) 1台全站仪、4套棱镜。

(2) 自备：铅笔、草稿纸。

一、知识准备

1. 面积测量的原理

利用全站仪的面积测量功能可以进行土地面积测量工作，并能自动计算显示所测地块的面积，特别适合于小范围的土地面积测量。

如图 19-1 所示，1234 为任意四边形，预测定其面积，可在适当位置 O 安置全站仪，选定面积测量模式后。按顺时针方向分别在四边形各顶点 1、2、3、4 上竖立反射棱镜，并进行观测。观测完毕仪器就会瞬时地显示出该四边形的面积值。同法可以测定出任意多边形的面积。

全站仪的面积测量原理为：通过观测多边形各顶点的水平角 β、竖直角 α，以及斜距 S_i，先由观测数据自动计算出各顶点在测站坐标系 XOY 中的坐标（x_i，y_i）。X 轴指向水平度盘 0°分划线；原点位于测站点 O 的铅垂线上；Y 轴垂直于 X 轴，如图 19-2 所示。

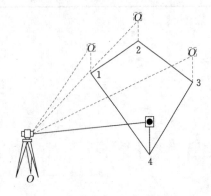

图 19-1 全站仪面积测量

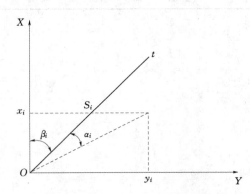

图 19-2 全站仪面积测量原理

$$x_i = S_i \cos\alpha_i \cos\beta_i$$
$$y_i = S_i \cos\alpha_i \sin\beta_i$$

被测 n 边形的面积为

$$P = \frac{1}{2} \sum_{i=1}^{n} x_i (y_{i+1} - y_{i-1})$$

$$P = \frac{1}{2} \sum_{i=1}^{n} y_i (x_{i-1} - x_{i+1})$$

全站仪的面积测量完全可以满足地籍测绘中的面积测量要求。同时，为了提高全站仪面积测量的精度，应注意以下几点：

（1）测站点应尽量靠近被测多边形，尽量减少距离长度。

（2）条件允许时，把全站仪安置在多边形内部的中点最佳，尽量使各点的距离长度相等。

（3）观测时，各测点必须按相同的顺序编号（顺时针或逆时针方向），否则计算结果不正确。

（4）测点少于 3 个点时，会出现错误。

2. 观测方法

（1）在测区适当位置安置仪器。

（2）选定面积测量模式，新建作业文件。

（3）顺时针观测记录多边形各顶点的坐标。

（4）在解析坐标菜单中单击"面积计算"。

（5）在弹出的对话框中单击"使用指定点计算面积"，并单击"确定"或按"ENT"键。

（6）从作业文件中选取用于计算面积的点。单击"计算"或按"ENT"键，系统软件会进行面积计算，并显示计算中采用的坐标点的个数和面积。

二、任务实施

在测区范围内有一六边形地块 $ABCDEF$（图 19 - 3），坐标分别为 A（500，500）、B（920，700）、C（1350，760）、D（1300，940）、E（400，1000）、F（360，780），坐标单位 m，计算该地块面积。

地块面积计算：按直角梯形计算面积，累加求和。

1. 操作步骤

（1）具体点号面积计算。面积计算至少需

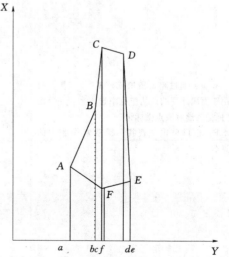

图 19 - 3　全站仪面积测量任务示意图

要 3 个有标记的点, 其操作步骤见表 19-1。

表 19-1 全站仪面积测量操作步骤

操 作 步 骤	按键	显 示
1. 在解析坐标菜单中单击"面积计算"	"面积计算"	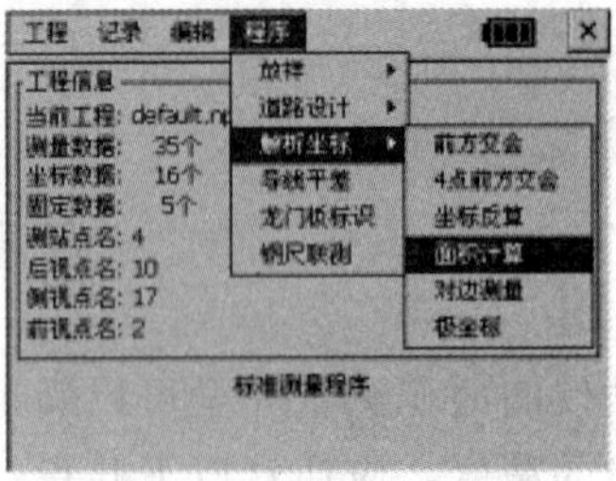
2. 系统弹出如右图所示对话框。单击"使用指定点计算面积",并单击"确定"或按"ENT"键	"确定"	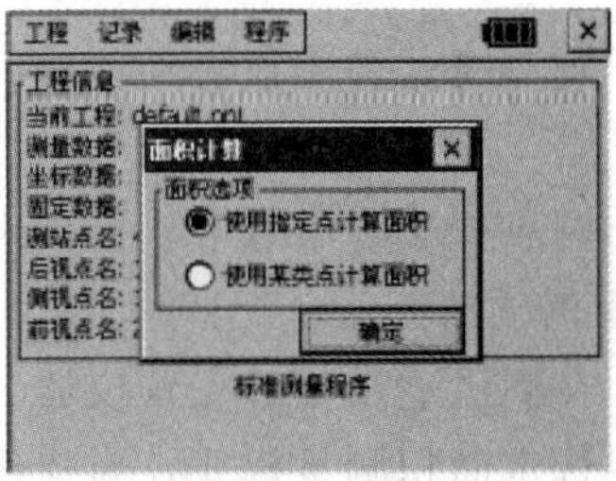
3. A: 通过单击滑块或"▲"/"▼"将用于面积计算的点从作业中选出来,并单击"标记"键对该点做标记。 B: 也可单击"查找"键搜索作业中的点名	"标记"或"查找"	A: 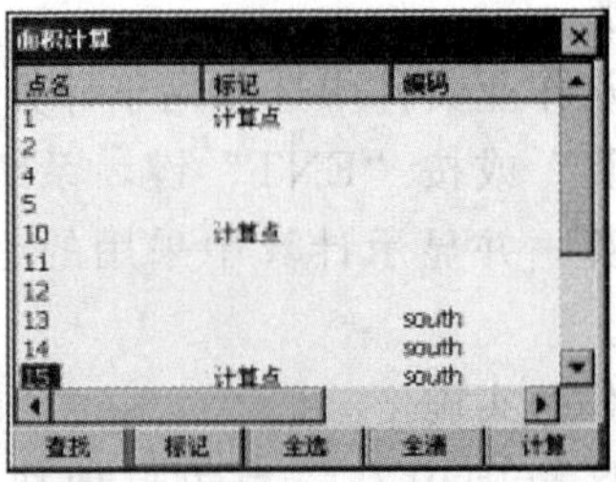 B: 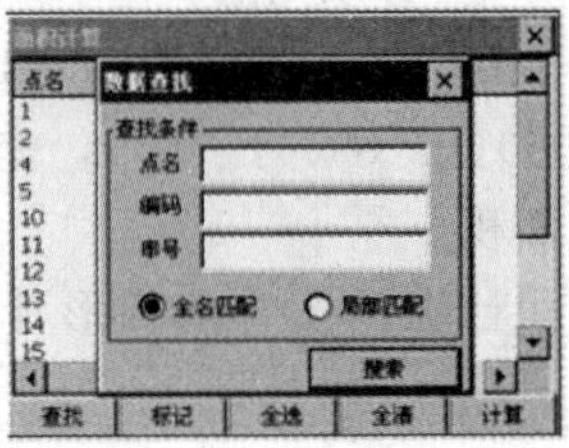

续表

操作步骤	按键	显 示
4. 单击"计算"或按"ENT"键，系统软件就会进行面积计算，并显示计算中采用的坐标点的个数和面积	"计算"	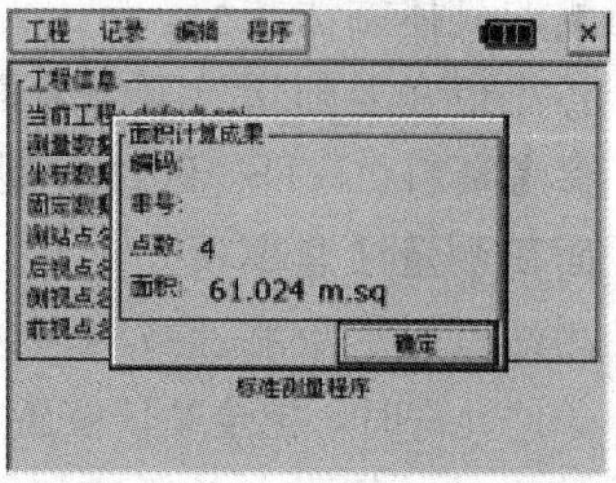 面积计算成果 编码： 串号： 点数：4 面积：61.024 m.sq 标准测量程序
5. 单击"确定"或按"ENT"键退出，并返回到标准测量程序主菜单	"确定"	

（2）用编码计算面积。一系列用编码表示的点所闭合的图形的面积在这里可以被计算出来。在测量过程中，这些点的观测和记录应该按照一定的顺序（顺、逆时针）进行，而且每个点的编码和串号要相同，其操作步骤见表 19 - 2。

表 19 - 2　　　　　　　　　　用编码计算面积操作步骤

操作步骤	按键	显 示
1. 在"面积选项"中，单击"使用某类点计算面积"，并单击"确定"或按"ENT"键	"确定"	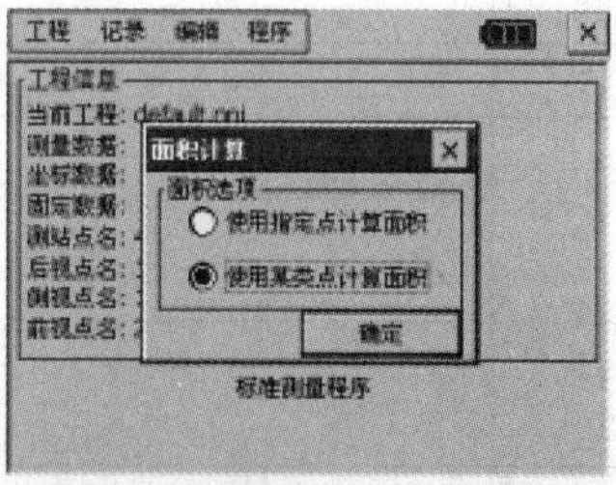 面积计算 面积选项 ○ 使用指定点计算面积 ● 使用某类点计算面积 确定 标准测量程序
2. 输入用于面积计算的编码与串号，并单击"确定"或按"ENT"键	"确定"	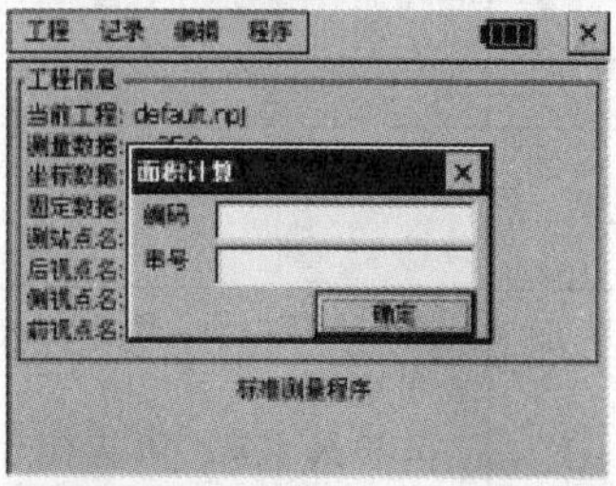 面积计算 编码： 串号： 确定 标准测量程序
3. 系统自动查找符合条件的数据，并将其面积计算出来		 面积计算成果 编码：south 串号：001 点数：5 面积：7300.000 m.sq 确定 标准测量程序
4. 单击"确定"或按"ENT"键退出，并返回到标准测量程序主菜单	"确定"	

2. 训练要求

（1）班级学生自由组合为若干个学习小组，各学习小组通过查找相关资料讨论分析面积测量施测的具体方法类型。

（2）各小组在老师指导下学习面积测量原理，操作全站仪完成面积测量。

（3）参考资料：NTS - 962RL 型号全站仪使用说明、相似测图工程技术设计书实例等。

三、面积测量注意事项

（1）测站点应尽量靠近被测多边形，尽量减少距离长度。

（2）条件允许时，把全站仪安置在多边形内部的中点最佳，尽量使各点的距离长度相等。

（3）观测时，各测点必须按相同的顺序编号（顺时针或逆时针方向），否则计算结果不正确。

（4）测点少于 3 个点时，会出现错误。

四、任务评价

任务评价见表 19 - 3。

表 19 - 3　　　　　　　　　　　　　　任 务 评 价

小组：＿＿＿＿　学号：＿＿＿＿　学生：＿＿＿＿　成绩：＿＿＿＿

工作项目		实训日期	计划学时	
工作内容				
教学方法		任务驱动（理论＋实践）		
工作目标	知识	能力	素质	
			认真、求实、合作精神	
工作重点及难点				
工作任务				
工作成果				
评价标准	A很积极主动，团队合作很好 B积极主动，团队合作好 C较积极主动，团队合作尚好 D不主动，合作尚好 E不主动，合作差	A内容全面，目标合理 B内容全面，目标较合理 C内容基本正确 D内容不正确 E无内容	A 方法应用很正确 B方法正确 C方法基本正确 D方法不正确 E无方法	A形式美观，有特色 B形式美观 C形式合理 D形式尚合理 E形式不合理	综合
学生自评				
学生互评				
教师评价				
任务评价	学生自评（0.2）＋学生互评（0.3）＋教师评价（0.5）			
	A 90～100　　B 80～89　　C 70～79　　D 60～69　　E 60 分以下			

实训二十　全站仪后方交会测量

★**学习任务**

(1) 掌握后方交会测量的原理。

(2) 明确后方交会测量精度评定方法。

(3) 熟练掌握后方交会测量的具体施测方法。

※**学习目标**

(1) 能够描述悬高测量的原理。

(2) 能够熟练运用全站仪完成后方交会测量确定点坐标的任务。

▲**仪器和工具准备**

(1) 1 台全站仪，1 套棱镜。

(2) 自备：铅笔，草稿纸。

一、知识准备

后方交会的测量方法有两种：测量距离和角度、只测量角度。计算的方法取决于可用的数据，至少需要观测两个点的角度和距离，或观测三个点的角度。

1. 后方交会测量的原理

A、B 为两个已知点，坐标分别为(x_A, y_A)、(x_B, y_B)。两点之间的距离为 S_0，P 为待定点，在 P 点上设置全站仪，测距离 S_1 和 S_2，即可确定 P 点坐标 (x_P, y_P)。为讨论方便，建立如图 20-1 所示的坐标系统，即以 A 为坐标系原点，AB 方向为 y 轴，与之垂直方向为 x 轴，则交会点 P 的坐标计算数学模型为

$$\left.\begin{array}{l} x_P = S_1 \sin\beta_1 \\ y_P = S_1 \cos\beta_1 \end{array}\right\}$$

在 $\triangle PAB$ 中利用余弦定理得

$$S_2^2 = S_1^2 + S_0^2 - 2S_1 S_0 \cos\beta_1$$

即

$$\cos\beta_1 = \frac{S_1^2 + S_0^2 - S_2^2}{2S_1 S_0}$$

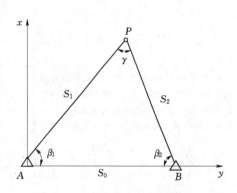

图 20-1　后方交会测量的原理

全站仪后方交会（测边交会）的精度，不仅与 S_1 和 S_2 的测距精度有关，而且与交会角度的大小有关。为确保待定点的观测精度，两点后方交会应注意的几个问题如下：

(1) 保证已知点坐标值输入的正确性。

（2）应注意待定点与各已知点的夹角合理性。

当两个已知点之间的夹角十分狭小时将不能准确计算出测站点坐标。在测站与已知点的距离过长时，一般这个角度应为 $30°\sim150°$，应避免待定点（测站）与已知点位于同一圆周（危险圆）上。

2. 观测方法

（1）在"测站、后视设置"菜单中输入测站点名，单击"后方交会"键。若内存中没有该输入的点名，会提示输入该点坐标。保存测站数据后，再次单击"后方交会"键。

（2）用笔针单击"增加"键，表示添加一个新的后方交会测量，输入用于后方交会的已知点点号，棱镜高。

（3）单击"模式"键，选择测量模式。

（4）照准目标棱镜中心，单击"测量"键启动测量。

（5）测量完毕，单击"记录"键，系统显示弹出对话框，在对话框中单击"OK"键将测量结果记录到作业文件中。

二、任务实施

某测区内有两个控制点 A、B，试用后方交会法测出 AB 一侧的 P 点的坐标。

1. 操作步骤

操作步骤见表 20-1。

表 20-1　　　　　　　　　后方交会法测量步骤

操 作 步 骤	按键	显　示
1. 在"测站、后视设置"菜单中输入测站点名，单击"后方交会"键。若内存中没有该输入的点名，会提示输入该点坐标。保存测站数据后，再次单击"后方交会"键	"后方交会"	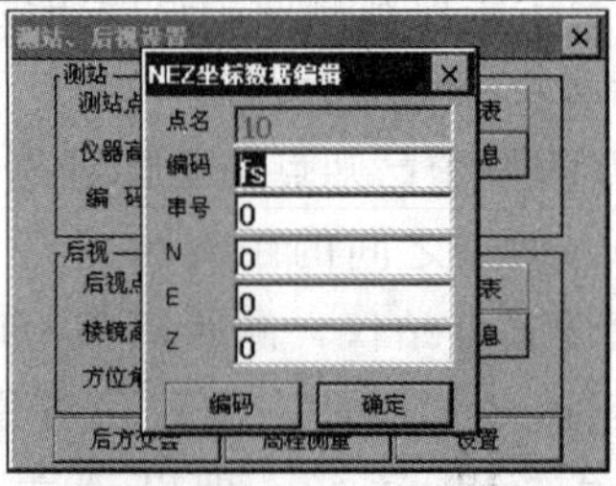 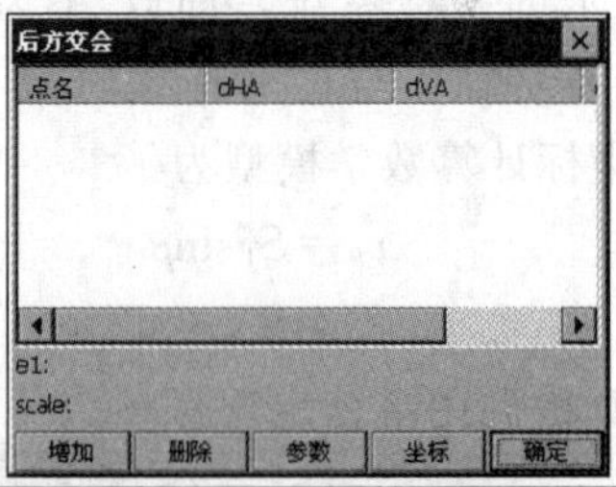
2. 用笔针单击"增加"键，表示添加一个新的后方交会测量，屏幕显示如右图所示	"增加"	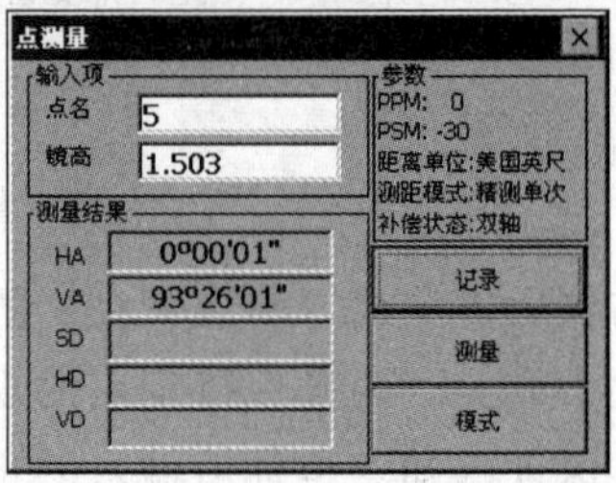

操 作 步 骤	按键	显　示
3. 输入用于后方交会的已知点点号，棱镜高	输入点名、棱镜高度	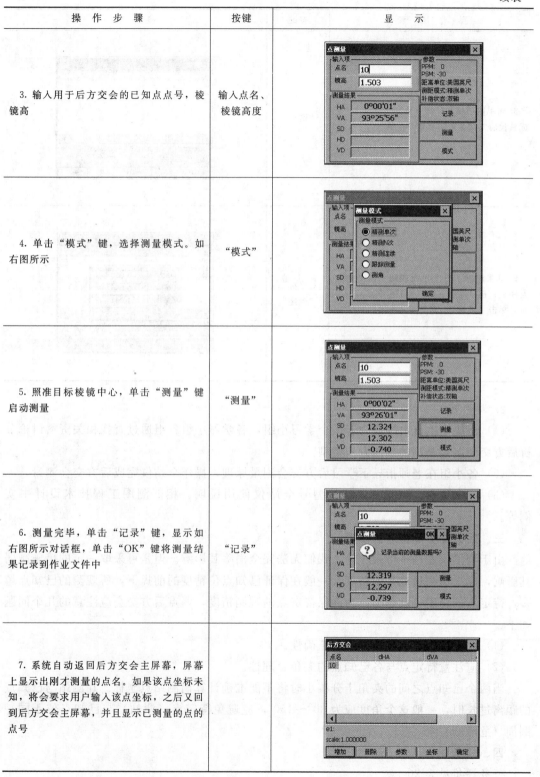
4. 单击"模式"键，选择测量模式。如右图所示	"模式"	
5. 照准目标棱镜中心，单击"测量"键启动测量	"测量"	
6. 测量完毕，单击"记录"键，显示如右图所示对话框，单击"OK"键将测量结果记录到作业文件中	"记录"	
7. 系统自动返回后方交会主屏幕，屏幕上显示出刚才测量的点名。如果该点坐标未知，将会要求用户输入该点坐标，之后又回到后方交会主屏幕，并且显示已测量的点的点号		

操作步骤	按键	显示
8. 再单击"增加"键，重复步骤 2~6 完成其他后方交会点的测量与记录	"增加"	
9. 如果观测了三个角度或观测两个角度与距离；按"坐标"键，便显示测站点的坐标，单击"确定"	"坐标""确定"	

2. 训练要求

(1) 班级学生自由组合为若干个学习小组，各学习小组各组通过查找相关资料讨论分析后方交会测量施测的具体方法类型。

(2) 各小组在老师指导下学习后方交会测量原理，操作全站仪完成后方交会测量。

(3) 参考资料：NTS - 962RL 型号全站仪使用说明、相似测图工程技术设计书实例等。

三、后方交会测量注意事项

由于测量误差是不可避免的，我们无法完全消除其影响。但是可采取一定的措施减弱其影响，以提高测量成果的精度。一般在保证已知点位精度的前提下，所观测的已知点越多，待定点的精度也就越高。为确保待定点的观测精度，两点后方交会应注意的几个问题如下：

(1) 保证已知点坐标值输入的正确性。

(2) 应注意待定点与各已知点的夹角合理性。

当两个已知点之间的夹角十分狭小时将不能准确计算出测站点坐标。在测站与已知点的距离过长时，一般这个角度应为 30°~150°，应避免待定点（测站）与已知点位于同一圆周（危险圆）上。

四、任务评价

任务评价见表 20 - 2。

表 20 - 2　　　　　　　　　　　　　任 务 评 价

小组：_____　学号：_____　学生：_____　成绩：_____

工作项目		实训日期		计划学时	
工作内容					
教学方法		任务驱动（理论＋实践）			
工作目标	知识	能力		素质	
				认真、求实、合作精神	
工作重点及难点					
工作任务					
工作成果					
评价标准	A 很积极主动，团队合作很好 B 积极主动，团队合作好 C 较积极主动，团队合作尚好 D 不主动，合作尚好 E 不主动，合作差	A 内容全面，目标合理 B 内容全面，目标较合理 C 内容基本正确 D 内容不正确 E 无内容	A 方法应用很正确 B 方法正确 C 方法基本正确 D 方法不正确 E 无方法	A 形式美观，有特色 B 形式美观 C 形式合理 D 形式尚合理 E 形式不合理	综合
学生自评					
学生互评					
教师评价					
任务评价	学生自评（0.2）＋学生互评（0.3）＋教师评价（0.5）				
	A 90～100　　B 80～89　　C 70～79　　D 60～69　　E 60 分以下				

实训二十一　GPS 的认识与使用

★学习任务

（1）认识 GPS 的基本组成部分。

（2）熟练掌握 GPS 的基本操作方法。

※学习目标

（1）掌握 GPS 各部件的连接方法。

（2）能够正确地运用 GPS 进行各种测量模式的相互转化。

（3）能够正确使用手簿进行基本的测量工作。

▲仪器和工具准备

1 套 GPS 接收机，1 个 GPS 操作手簿，1 个三脚架。

一、知识准备

1.GPS 构成

全球定位系统（GPS）由三部分构成：地面监控部分、空间部分和用户装置部分。

地面控制部分：GPS 的地面监控部分目前主要由分布在全球的 5 个地面站组成，其中包括主控站、卫星监测站和信息注入站。

空间部分：24 颗卫星基本均匀分布在 6 个轨道平面内，轨道平面相对赤道平面的倾角为 55°，各轨道平面之间的交角为 60°，每个轨道平面内的卫星相差 90°，任一轨道平面上的卫星比西边相邻轨道平面上的相应卫星超前 30°。卫星轨道平均高度为 20200km，卫星运行周期为 11 小时 58 分。每颗卫星每天约有 5 个小时在地平线以上，同时位于地平线以上的卫星数目随时间和地点而不同，可为 4~11 颗。

GPS 的空间部分和地面监控部分是用户广泛应用该系统进行导航和定位的基础，均为美国所控制。

用户装置部分：GPS 的用户设备主要由接收机硬件和处理软件组成。用户通过用户设备接收 GPS 卫星信号，经信号处理而获得用户位置、速度等信息，最终实现利用 GPS 进行导航和定位的目的。GPS 卫星接收机种类很多，根据型号分为测地型、全站型、定时型、手持型、集成型；根据用途分为车载式、船载式、机载式、星载式、弹载式。

2.GPS 系统定位原理

GPS 系统定位的原理主要是测定用户至卫星的距离来定位。测定某点至已知位置的 4 颗卫星的距离即可确定某点的三维坐标。

3.GPS 用户接收设备

GPS 用户接收设备一般称为 GPS 接收机，由 5 个主要部分构成：天线、接收机、处理器、输入输出装置和电源。为了便于操作和携带，GPS 接收机在设计上将这 5 个部分分别进行组合，构成了多种类型的组合形式，常见的组合形式为：接收机＋天线＋控制器；接收机和天线一体化＋控制器；接收机、天线、控制器一体化。

4. 中纬 Zenith50 仪器基本组成与功能简介

中纬 Zenith50 仪器基本组成及功能如图 21-1～图 21-5 所示，其中液晶显示屏主机的图标状态信息见表 21-1。

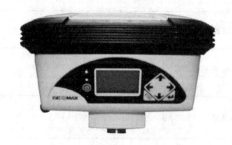

图 21-1　中纬 Zenith50 接收机外观

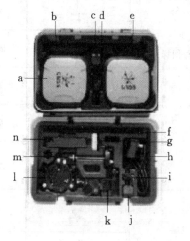

图 21-2　中纬 Zenith50 配件及装箱设备

a—Zenith50 仪器；b—PS236 手簿；c—ZBA500 电池；d—手簿充电器；e—外置电台；f—电台天线；g—量高尺；h—电池充电器/电缆；i—手簿电池；j—ZBA500 电池；k—手簿托架；l—对点器；m—基座；n—ZBA500 电池充电器

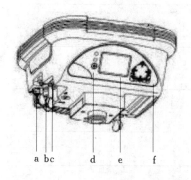

图 21-3　中纬 Zenith50 接收机部件名称（一）

a—LEMO 接头；b—UHF 天线接头；c—USB 接口；d—开关机键；e—液晶显示屏；f—操作按键

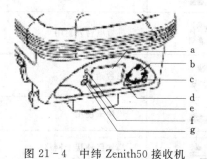

图 21-4　中纬 Zenith50 接收机部件名称（二）

a—显示屏；b—导航键；c—回车键；d—返回键；e—工作灯；f—电源灯；g—开关键

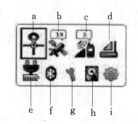

图 21-5　中纬 Zenith50 接收机液晶显示界面

a—定位状态；b—卫星状态；c—电台状态；d—HSPA 模块；e—电源；f—蓝牙；g—协助；h—存储；i—管理

表 21 - 1　　　　　中纬 Zenith50 接收机图标状态信息列表

图 标	状态	意 义
定位图标	○	还没有定位
		单点定位
		浮点解
		固定解
		工作模式：基准站
		基准站模式设置中
		基准站模式设置失败
卫星		还没有收到卫星
		收到的卫星颗数
电台		电台还没有使用
		内置电台接收中，频道 2
		内置电台发射中，频道 2
		外置电台发射中
		电台错误
HSPA 模块		模块未使用
		模块已连接上网络
		模块接收数据中
		模块发送数据中
		模块错误

图　标	状态	意　　义
蓝牙		蓝牙关闭
		蓝牙打开
		蓝牙通信中
		蓝牙错误
电源		电池电量状态
		电量低
		使用外接电源，电池插入
		使用外接电源，无电池插入
远程协助		远程协助（现阶段未提供）
存储		存储图标
		U 盘已插入
		静态数据记录中
		存储错误
设置		设置图标

5. 接收机操作手簿软件 GeoMaxSurvey 介绍及功能讲解

（1）主界面（图 21-6）主要包含 6 个方面的内容：

1）文件：任务管理、坐标参数编辑、成果编辑。

2）键入：键入点、直线、道路等。

3）配置：建立蓝牙连接、配置主机的各项参数。

4）测量：点测量、放样、道路放样、电力线放样、点校正（坐标转换）。

5）坐标计算：COGO、多种数据要素的计算。

6）仪器：查看主机的各种信息。

（2）目前在测量领域 RTK 的作业模式主要有以下几种：

1）电台模式：内置电台、外置电台。

图 21-6 接收机操作手簿软件界面

2）网络模式：网络点对点、CORS 流动站。

（3）电台模式的具体操作：如果是自启动（可通过软件设置），则基准站主机开机搜完星后便可发射差分信息；如果是手簿启动，具体操作为：打开 GeoMaxSurvey 软件，通过蓝牙连接基准站主机（配置—手簿端口配置—蓝牙——接受），如图 21-7所示。

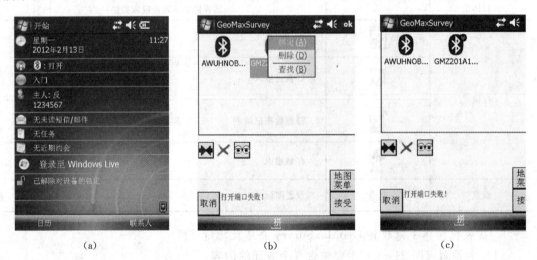

| （a） | （b） | （c） |

图 21-7 蓝牙连接基准站主机操作界面

1）新建并保存任务，如图 21-8 所示。

2）配置—基准站参数—基准站选项：设置基准站的广播格式和连接方式（内置电台或外置电台），如图 21-9 所示。

3）配置—基准站参数—基准站电台：设置基准站电台通道（外置电台无需设置）和波特率（内置 9600，外置 Zenith10/20 为 19200，Zenith25 为 38400，Zenith50 为 19200），如图 21-10 所示。

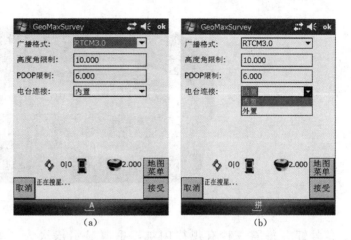

图21-8　连接基准站主机
　新建任务操作界面

图21-9　连接基准站主机配置操作界面

4）测量—启动基准站接收机：已知点启动的话，进行基准站架设时需严格对中整平，并量取仪器高，输入已知点坐标（同时在"文件"—"当前坐标参数"中，输入转换参数）后确定。基准站自由架设时，直接输入点名后确定。基准站成功启动后，会显示"基准站启动成功！"，此时断开手簿与主机之间的蓝牙连接，如图21-11所示。

图21-10　连接基准站主机
　配置电台通道操作界面

图21-11　连接基准站主机启动基准站操作界面

5）基准站启动成功后，若为内置电台则主机面板上电台信号灯每隔一秒有规律地闪烁。若为外置电台，则电台面板上的TX每隔一秒有规律地闪烁，如图21-12所示。

6）手簿通过蓝牙绑定移动站后（绑定方法同上）：配置—移动站参数—移动站选项，设置广播格式和连接方式（电台），确定。

7）配置—移动站参数—移动站电台：设置电台通道，确定。完成此项后，有关仪器设置已经完成。正常情况下此时移动站会接收到来自基准站的差分信息，主机面板上的电

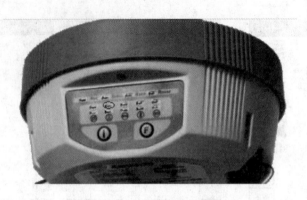

图 21-12 基准站启动成功提示

台信号灯会每隔一秒有规律闪烁，手簿显示依次为"单点定位"—"RTD"—"浮动"—"固定"。（若无法接收到差分信息，则考虑，基站是否启动成功，外置电台波特率是否正确，基准发射天线是否正常，移动站电台天线是否接错等）。

（4）网络模式的具体操作：网络点对点，CORS 流动站。事先在主机电池槽里放入一张已开通 GPRS 功能可正常使用的手机卡，并在主机上接上标配的 GPRS 天线。

1）网络点对点。

a. 设置基准站：手簿绑定基站主机方法同上，配置—基准站参数—基准站选项：设置广播格式和连接方式（网络 RTK—内置）。

b. 先启动基准站，后接入网络。

c. 设置网络：配置—基准站参数—基准站网络：数据中心，输入服务器 IP（59.175.137.62），端口号（5000），接受。如图 21-13 所示，在下一界面中：用户名：geomax，密码：geomax，基站号：可任意输入（如基站编号后四位）（Zenith50 服务器地址即为 IP，服务器密码为 geomax）。接受，稍等几秒会提示"GPRS 连接成功"。若提示"服务器连接错误"，则查看，SIM 卡是否放入正确，SIM 是否已开通 GPRS 功能，是否欠费，服务器 IP 和端口是否输入正确等。

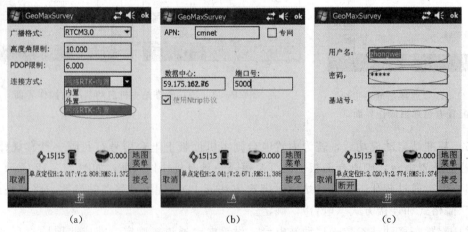

图 21-13 CORS 流动站设置界面

d. 设置移动站：手簿绑定移动站的方式同上，配置—移动站参数—移动站选项：设置广播格式和连接方式（网络 RTK—内置）。

e. 设置网络：配置—移动站参数—网络 RTK：数据中心，输入服务器 IP（59.175.137.62），端口号（5000），接受。如图 21-14 所示，在下一界面中：源列表：输入对应基准站设置的基站号。用户名：geomax，密码：geomax。接受，稍等几秒后会提示"GPRS 连接成功"。

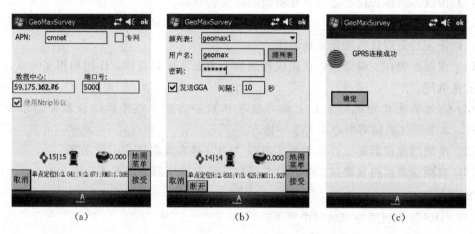

图 21-14　CORS 流动站网络设置界面

2）CORS 流动站。

a. 设置 CORS 流动站：手簿绑定流动站的方式同上，配置—移动站参数—移动站选项：设置广播格式和连接方式（网络 RTK—内置）。

b. 配置—移动站参数—网络 RTK，输入 APN 接入点，数据中心（CORS 中心服务器 IP 地址）和对应的端口号—接受。

c. 点击"源列表"，即可获取当前服务器下的所有源列表。根据仪器设置时的广播格式选择对应的源列表，输入正确的用户名和密码，接受，如图 21-15 所示。即可进行相应 CORS 网的登陆。

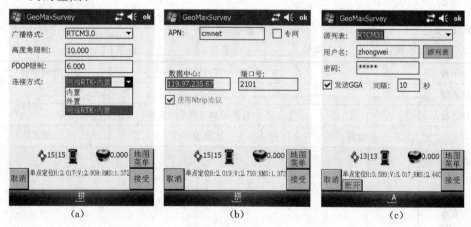

图 21-15　设置 CORS 流动站界面

二、任务实施

(1) 了解 GPS 接收机部件、按钮的名称、作用和操作方法。

(2) 练习 GPS 接收机的安置和对中整平。

(3) 练习控制器的软件操作。

1. 操作步骤

(1) 由仪器室借出仪器之后，在指定的点安置仪器。

(2) 在安置仪器之前，先打开仪器箱，认清、记牢 GPS 各部件在仪器箱子中安放的位置，以便实验完后仪器能按原样装箱。

(3) 仪器安装在三脚架上，认识仪器的各个主要部件的名称、作用和相互关系，正确安装连接电缆。

(4) 在地面所指定的标志点上练习整平和对中方法。整平后的仪器，当水平旋转180°时，水准管气泡偏离中心不大于一格。

(5) 准确测量仪器高，开机观测，填写"GPS 静态观测外业记录手簿"。

(6) 观测结束后再量取仪器高，且与开机前量取的仪器高之差不应大于 2mm。

2. 训练要求

(1) GPS 接收机要绝对的对中整平。

(2) 正确连接 GPS 系统的所有部件。

(3) 正确掌握操作手簿中的基本操作。

三、GPS 认识与使用中的注意事项

(1) 开机前应检查电源电缆和天线等部件是否安装正确。

(2) 观测期间，应注意查看仪器的工作状态是否符合要求。

(3) 按要求，每时段观测前后都应认真量取仪器高。

(4) 观测期间，测站周围不能有大功率电台、高压线、发射塔等信号干扰源，且测站上空没有遮挡。

四、任务评价

任务评价见表 21-2。

表 21-2   任 务 评 价

小组：_____ 学号：_____ 学生：_____ 成绩：_____

工作项目		实训日期		计划学时
工作内容				
教学方法		任务驱动（理论＋实践）		
工作目标	知识	能力		素质
				认真、求实、合作精神
工作重点及难点				

续表

工作任务					
工作成果					
评价标准	A很积极主动，团队合作很好 B积极主动，团队合作好 C较积极主动，团队合作尚好 D不主动，合作尚好 E不主动，合作差	A内容全面，目标合理 B内容全面，目标较合理 C内容基本正确 D内容不正确 E无内容	A方法应用很正确 B方法正确 C方法基本正确 D方法不正确 E无方法	A形式美观，有特色 B形式美观 C形式合理 D形式尚合理 E形式不合理	综合
学生自评					
学生互评					
教师评价					
任务评价	学生自评（0.2）＋学生互评（0.3）＋教师评价（0.5）				

A 90～100 B 80～89 C 70～79 D 60～69 E 60分以下

思 考 题

1. 学校中现有的 GPS 属于单频接收机的是 ＿＿＿＿，属于双频接收机的是＿＿＿＿。

2. 如何判断 GPS 接收机是处于静态观测模式还是动态观测模式？

3. 简述实习中所用到的接收机控制面板上按键及指示灯的作用。

实训二十二 GPS 静态测量与数据处理

★学习任务

（1）熟练使用 GPS 进行静态测量。

（2）运用数据处理软件进行 GPS 静态数据处理。

※学习目标

（1）掌握 GPS 静态测量的施测方法。

（2）能够正确地进行 GPS 静态数据的计算。

▲ 仪器和工具准备

3 套 GPS 接收机、操作手簿 1 个、三脚架 1 个、GPS 静态数据处理软件 1 套

一、知识准备

1. GPS 静态测量

GPS 静态测量，是利用测量型 GPS 接收机进行定位测量的一种。主要用于建立各种控制网。进行 GPS 静态测量时，认为 GPS 接收机的天线在整个观测过程中的位置是静止的，在数据处理时，将接收机天线的位置作为一个不随时间的改变而改变的量，通过接收到的卫星数据的变化来求得待定点的坐标。在测量中，GPS 静态测量的具体观测模式是多台接收机在不同的测站上进行静止同步观测，时间由 40 分钟到几十小时不等。

2. 静态测量的方法

测区范围确定好以后，制定技术设计书，根据技术设计书，先在测区内进行选点与埋石，确定静态观测的网型结构（点连式、边连式、混连式），然后将 GPS 接收机安置于控制点上，打开 GPS 接收机，将 GPS 接收机设置为静态测量模式，通过规定时间的观测，将观测数据从接收机中下载出来，再利用数据处理软件进行静态数据的平差处理，得到满足精度要求的数据。

二、任务实施

每个实训班级以小组为单位，采用 GPS 静态测量技术，在学校所在的校区内布设一个 GPS 静态测量控制网，每个组完成一个控制网的设计、选点（必须选择地面已有标石或钢钉点）、点标记、和观测。再运用数据处理软件进行观测数据的平差处理。

1. 操作步骤

（1）选点和埋石。

1）选点。选点即观测站位置的选择。在 GPS 测量中并不要求观测站之间相互通视，网的图形选择也比较灵活，因此选点比经典控制测量简便得多。但为了保证观测工作的顺利进行和可靠地保持测量结果，用户注意使观测站位置具有以下的条件：

确保GPS接收机上方的天空开阔。GPS测量主要利用接收机所接收到的卫星信号，而且接收机上空越开阔，则观测到的卫星数目越多。一般应该保证接收机所在平面15°以上的范围内没有建筑物或者大树的遮挡。周围没有反射面，如大面积的水域，或对电磁波反射（或吸收）强烈的物体（如玻璃墙，树木等），不致引起多路径效应。远离强电磁场的干扰。

GPS接收机接收卫星广播的微波信号，微波信号都会受到电磁场的影响而产生噪声，降低信噪比，影响观测成果。所以GPS控制点最好离开高压线、微波站或者产生强电磁干扰的场所。邻近不应有强电磁辐射源，如无线电台、电视发射天线、高压输电线等，以免干扰GPS卫星信号。通常，在测站周围约200m的范围内不能有大功率无线电发射源（如电视台、电台、微波站等）；在50m内不能有高压输电线和微波无线电信号传递通道。

观测站最好选在交通便利的地方以利于其他测量手段联测和扩展；地面基础稳固，易于点的保存。

注意：用户如果在树木、觇标等对电磁波传播影响较大的物体下设观测站，当接收机工作时，接收的卫星信号将产生畸变，这样即使采集各项指标，如观测卫星数、DOP值等都较好，但观测数据质量很差。

建议用户可根据需要在GPS点大约300m附近建立与其通视的方位点，以便在必要时采用常规经典的测量方法进行联测。

在点位选好后，在对点位进行编号时必须注意点位编号的合理性，在野外采集时输入的观测站名由4个任意输入的字符组成，为了在测后处理时方便及准确，必须不使点号重复。建议用户在编号时尽量采用阿拉伯数字按顺序编号。

2）埋石。在GPS测量中，网点一般应设置具有中心标志的标石，以精确标志点位。具体标石类型及其适用级别可参照《全球定位系统（GPS）测量规范》（GB/T 18314—2009）。各种类型的标石应设有中心标志。基岩和基本标石的中心标志应用铜或不锈钢制作。普通标石的中心标志可用铁或坚硬的复合材料制作。标志中心应刻有清晰、精细的十字线或嵌入不同颜色金属（不锈钢或铜）制作的直径小于0.5mm的中心点。并应在标志表面制有"GPS"及施测单位名称。

（2）制定观测技术计划。在施测前，建议用户根据网的布设方案、规模的大小、精度要求、GPS卫星星座、参与作业的GPS数量以及后勤保障条件（交通、通信）等，制定观测计划。

1）确定工作量。用户根据网的精度要求、接收机数目，顾及效率及网的精度、可靠性而确定工作量，具体方法可参考有关规范。这里仅强调一下观测时段、时段长度（同步观测时间）与基线长度等的关系。为了在后处理中能取得符合精度的成果，必须保证接收机的一定同步观测时间，其长短取决于众多的因素：如基线长度、观测卫星的数目、卫星的空间位置精度因子（PDOP）及大气层（主要指电离层）状况。如果用户在4颗以上的卫星且PDOP值小于4.0的情况下进行观测，那么所需的观测时间将主要取决于基线的长度及电离层扰动。

电离层的扰动是随时间及点位的位置而变化的。由于电离层的扰动在夜间要小得多，因此夜间的观测时间通常可以减小一半，或者测程增加一倍。所以，夜间将有利于10km以上的长基线测量。

但是，除非有特别的限制条件，否则要规定精确的观测时间是不客观的。下面仅就一般情况下同步观测的时段数及时段的长度必须满足的要求提供一个参考值（表22-1）。

表 22-1　　　　　　　　　同步观测的时段数及时段长度参考值

项目 级别	卫星高度角 /(°)	观测时间段	基线平均距离 /km	时段长度 /min
C	≥15	≥1.6	10～15	60～120
D	≥15	≥1.6	5～10	50～100
E	≥15	≥1.6	0.2～5	40～80

2）采用分区观测。若GPS网的点数较多，而参与同步观测时段的静态GPS接收机数目有限时，建议分区进行观测。但必须在相邻分区设置公共点，且公共点的数量一般不得少于3个。当相邻分区的公共点点数过少，将使网形强度变差，从而影响网的精度，而增加公共点数则又会延缓测量工作的进程，这一点请用户根据网的要求慎重考虑。

在一个观测分区内，用户还可根据参加作业的接收机数量，分成若干个同步观测的子区（每个子区必须有两台以上的接收机），这样整个测区就很容易进行作业管理，从而有利于作业效率的提高。

3）确定观测进程及调度。最佳观测时间确定后，在观测工作开始之前，须制定观测工作的进程表及接收机的调度计划。尤其当GPS网的规模较大、参加作业的接收机较多时，建议用户仔细地制定和选择这些计划的优化方案，这对于顺利地实现预定的观测任务极为重要。

观测工作的进程计划，涉及网的规模、精度要求、作业的接收机数目和后勤保障条件等，在实际工作中，应根据最优化的原则合理制定。

（3）野外观测。

1）安置仪器。首先，在选好的观测站点上安放三脚架。注意观测站周围的环境必须符合上述的条件，即净空条件好、远离反射源、避开电磁场干扰等。因此，安放时用户应尽量避免将接收机放在树荫、建筑物下，也不要在靠近接收机的地方使用对讲机，手提电话等无线设备。

然后，小心打开仪器箱，取出基座及对中器，将其安放在脚架上，在测点上对中、整平基座。具体步骤如下：

a. 对中。先架设三脚架于测站点上，使架头大致水平，架头中心大致对准测站标志，踩紧三脚架，装上仪器，旋上中心螺旋；然后利用光学对中器进行仪器对中，即旋转脚螺旋，用光学对中器对准测站标志，此时仪器并不水平，遂伸缩三脚架腿，使圆气泡居中而致仪器粗平，再用脚螺旋精确整平仪器。

b. 整平。转动照准部，使水准管平行于任意两脚螺旋的连线，用两手同时对向或反向旋转这两只脚螺旋，使水准管气泡居中；然后将照准部转动约90°，再旋转第三只脚螺旋，使管气泡居中。经反复调试，直至照准部转到任何方向，气泡的偏移均不超过一格为止。

最后，从仪器箱中取出 GPS 天线或内置天线的 GPS 接收机，将其安放在对中器上，并将其紧固，再分别取出电池、电缆等其他配件（内置电池的接收机除外），并将它们安装在脚架上，同时连接 GPS 接收机。

2）启动仪器。在启动仪器时，通常应按如下步骤操作：

a. 确认在接收机采集器电源均关闭的情况下，分别连上电源电缆、数据采集电缆。

b. 打开主机上的开关，若电源灯为绿色，则表示电量符合要求；若为红色，则表示电量不足，应更换电池。

c. 按照相应仪器的操作规程开机观测，具体步骤请参看《产品手册》。

d. 保证同步观测的其他 GPS 接收机也处于观测状态。静态差分测量是根据几台接收机共同时间段所接收的数据进行差分解算，所以几台接收机同时观测必须保证数据同步，并且要保证足够的数据。

e. 观测的时候，要保证接收机设置了合适的采样间隔和高度截止角。

f. 记录观测站点的点名、天线高、观测时段及相应的观测文件名。

在同一天（GPS 时）内，如测站名及时段序号一样则出现同名。用户在出测前一定要合理安排好，尽量避免出现重名的情况。

3）观测。按照预定的观测时间进行观测。

注意：在采集时测站不可移动，采集不能中断，组成基线的两台接收机连续同步采集时间必须符合要求，否则数据可能不可靠。如出现意外情况，应及时通知其他观测站点。

4）撤站。结束采集之后，用户必须确认观测站的全部预定作业项目均已按规定完成。这时，退出采集过程，一定要先关闭主机电源，如采用了外部采集器，还需要退出采集程序并关闭采集器。拔出 GPS 电源电缆、数据采集电缆，将接收机、基座对点器、电池等附件妥善放回仪器箱内。

（4）GPS 基线解算的过程（软件处理过程）。

1）原始观测数据的读入。在进行基线解算时，首先需要读取（导入）原始的 GPS 观测值数据。一般说来，各接收机厂商随接收机一起提供的数据处理软件都可以直接处理从接收机中传输出来的 GPS 原始观测值数据，而由第三方所开发的数据处理软件则不一定能对各接收机的原始观测数据进行处理，要处理这些数据，首先需要进行格式转换。目前，最常用的格式是 RINEX 格式，对于按此种格式存储的数据，大部分的数据处理软件都能直接处理。

2）设定基线解算的控制参数。基线解算的控制参数用以确定数据处理软件采用何种处理方法来进行基线解算，设定基线解算的控制参数是基线解算时的一个非常重要的环节，通过控制参数的设定，可以实现基线的精化处理。控制参数在"静态基线"→"静态处理设置"中进行设置，主要包括"数据采样间隔""截止角""参考卫星"及其电离层和解算模型的设置等。

在数据录入里面增加观测数据文件，若有已解算好的基线文件，则可以选择导入基线解算数据。增加观测数据文件后，会在网图显示窗口中显示网图，还需要在观测数据文件中修改量取的天线高和量取方式，如图 22-1～图 22-3 所示。

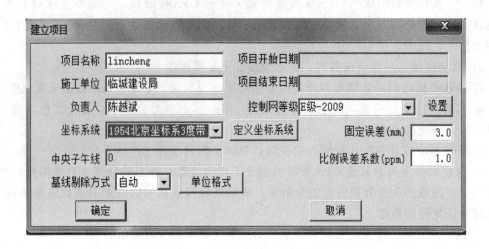

图 22-1 GPS基线解算的软件项目建立界面

图 22-2 GPS基线解算的软件数据文件导入界面

3）外业输入数据的检查与修改。在读入（导入）了GPS观测值数据后，就需要对观测数据进行必要的检查，检查的项目包括：测站名、点号、测站坐标、天线高等。对这些项目进行检查的目的，是为了避免外业操作时的误操作。

4）基线解算的过程一般是自动进行的，无需过多的人工干预。只是对于观测质量比较差的数据，用户须根据各种基线处理的输出信息，进行人工干预，使基线的处理结果符合工程的要求。

修改完观测数据文件里的量取的天线高和量取方式，就要进行基线解算了。如图22-4所示，在基线解算中点击全部解算，软件就会自动解算基线，若基线解算合格就会显示为红色，解算不合格就会显示为灰白色。在基线简表窗口中可以查看解算的结果。

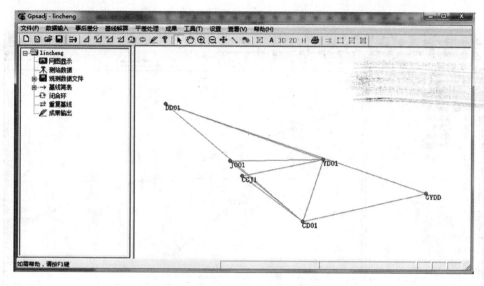

图 22 - 3　GPS基线解算的软件数据解算界面

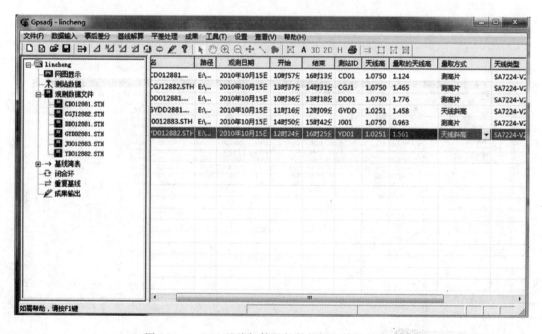

图 22 - 4　GPS基线解算的软件数据解算数据界面

　　解算不合格的基线需要进行调整，在网图中双击不合格的基线会弹出基线状况对话框，在该对话框中调整高度截止角和历元间隔后再解算，直至合格为止。原来的高度截止角为20，现在调整成15后，解算后基线已经合格了，由原来的灰白色变成了红色，如图22 - 5～图22 - 7所示。

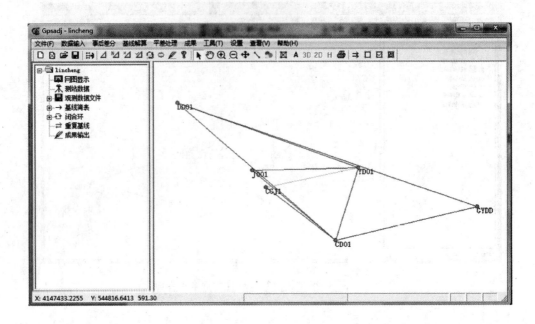

图 22-5　GPS基线解算的软件数据解算图像界面

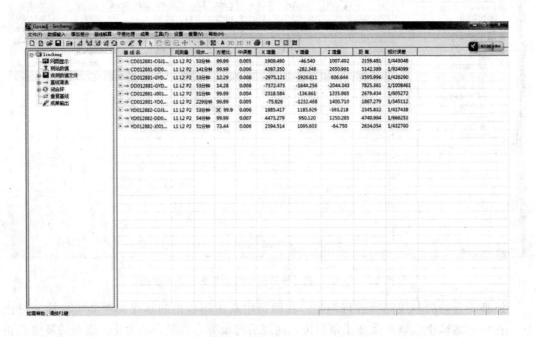

图 22-6　GPS基线解算的软件数据解算成果界面

基线情况

	WGS84-XYZ		
YD012882-CGJ12882 ▼	X增量	1985.415	0.006
□ 禁止在网平差中使用 □ 新增基线	Y增量	1185.930	-0.005
□ 自动禁止使用 □ 选中基线	Z增量	-393.215	0.002
基线 YD01-CGJ1	距离	2345.830	0.006
观测日期 2010/10/15/ 12:24	方差比	80.4	
同步时间 53分钟	双差固定解 ▼		

数据选择
高度截止角 15
历元间隔 30　30
编辑 3.5
参考卫星 20 ▼
最小历元数 10
最大历元数 99999

平差-XYZ
X增量
Y增量
Z增量
距离

合格解选择
☑ 双差固定解
　方差比大于 3
　中误差小于 0.04
□ 双差浮点解
□ 三差解

观测组合方案 L1 ▼
模糊度分解方法 LAMBDA法 ▼

解算　确定　取消

图 22-7　GPS基线解算的软件基线情况界面

　　基线全部解算合格后，就需要看闭合环是否合格，直接点击左侧的闭合环（图22-8）就可进行查看。若闭合环不合格，则还需要调整不合格闭合环中的基线，使得闭合环和基线全都合格；若闭合环合格，就要录入已知点的坐标数据，然后进行平差处理。要录入坐标数据可以在数据输入中点击坐标数据录入，在弹出的对话框中选择要录入坐标数据的点，录入坐标数据；或者在测站数据中选择对应的点直接录入坐标数据，如图 22-9～图 22-11 所示。

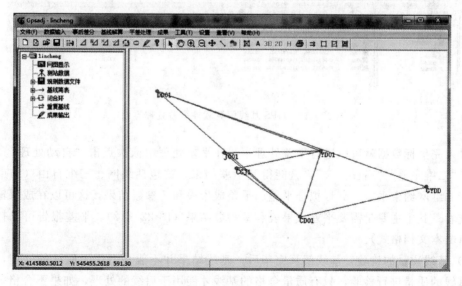

图 22-8　GPS基线解算的软件数据解算图像界面

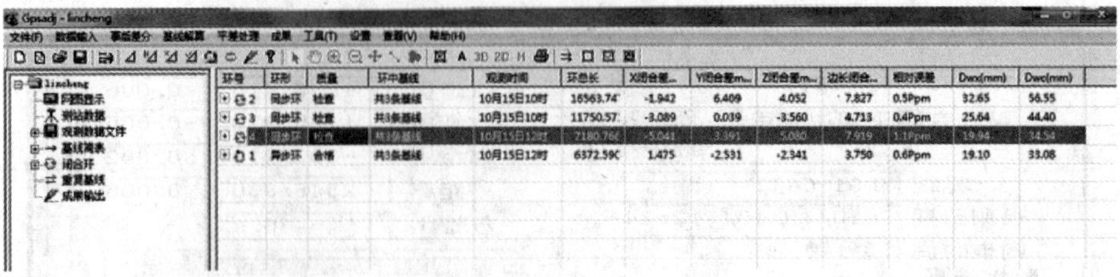

图 22 - 9　GPS 基线解算软件基线解算界面

图 22 - 10　GPS 基线解算软件已知数据录入界面

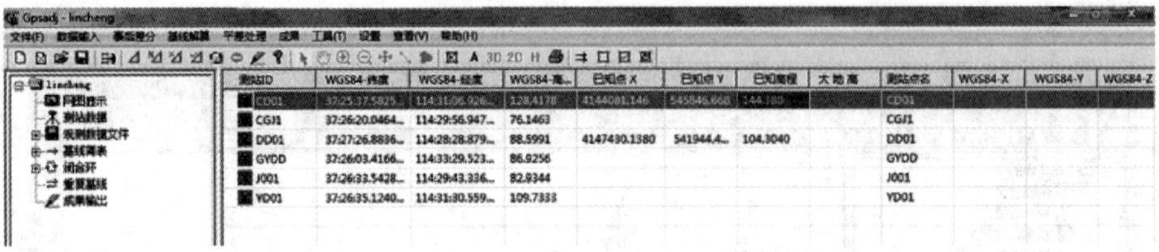

图 22 - 11　GPS 基线解算软件平差处理界面

　　录入完坐标数据就可以进行平差处理了，在平差处理中依次点击"自动处理""三维平差""二维平差""高程拟合"，就能得到平差结果，这包括组网、三维自由（约束）网平差、二维网约束平差、高程拟合平差、平差成果表和 7 参数结果，这可以在成果输出窗口里查看。其中主要是需要平差成果表和 7 参数结果（图 22 - 12）。平差报告可以打印或输出（文本文档格式）。

　　5）基线质量的检验：基线解算完毕后，基线结果并不能马上用于后续的处理，还必须对基线的质量进行检验，只有质量合格的基线才能用于后续的处理，如果不合格，则需要对基线进行重新解算或重新测量。基线的质量检验需要通过 RATIO、RDOP、RMS、数据删除率、同步环闭和差、异步环闭和差和重复基线较差来进行。

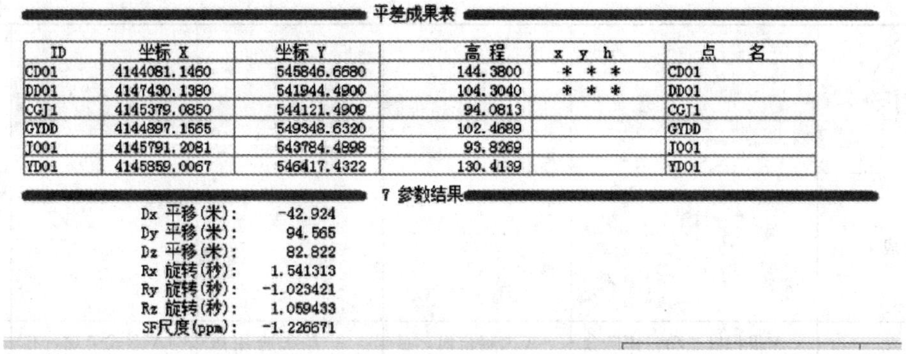

平差成果表

ID	坐标 X	坐标 Y	高程	x y h	点名
CD01	4144081.1460	545846.6680	144.3800	* * *	CD01
DD01	4147430.1380	541944.4900	104.3040	* * *	DD01
CGJ1	4145379.0850	544121.4909	94.0813		CGJ1
GYDD	4144897.1565	549348.6320	102.4689		GYDD
J001	4145791.2081	543784.4898	93.8269		J001
YD01	4145859.0067	546417.4322	130.4139		YD01

7 参数结果

Dx 平移(米): -42.924
Dy 平移(米): 94.565
Dz 平移(米): 82.822
Rx 旋转(秒): 1.541313
Ry 旋转(秒): -1.023421
Rz 旋转(秒): 1.059433
SF尺度(ppm): -1.226671

图 22-12 GPS基线解算软件平差处理结果界面

2. 训练要求

(1) 确保 GPS 接收机系统之间各个部件的正确连接。

(2) 严格按照仪器使用说明书操作。

(3) 基准站接收机旁必须有人看护，不得远离仪器。

(4) 严格按照技术要求规定进行测量。

三、GPS 静态测量注意事项

(1) 如果仪器从与室外温度相差较大的室内或汽车内取出，必须让其有一个预热的过程，时间大约为 10 分钟左右。

(2) 用户在插拔电缆时，必须牢记先关掉接收机电源，否则将使串口设备保护性关闭而不能正常工作。

(3) 确认外接电源及天线等各项连接无误后才接通电源，启动接收机。

(4) 仪器如长时间不使用，将可能需要较长时间搜索 GPS 卫星（2～3 分钟）。

四、任务评价

任务评价见表 22-2。

表 22-2　　　　　　　　　任 务 评 价

小组：_____　学号：_____　学生：_____　成绩：_____

工作项目		实训日期	计划学时
工作内容			
教学方法	任务驱动（理论＋实践）		
	知识	能力	素质
工作目标			认真、求实、合作精神
工作重点及难点			

续表

工作任务					
工作成果					
评价标准	A 很积极主动，团队合作很好 B 积极主动，团队合作好 C 较积极主动，团队合作尚好 D 不主动，合作尚好 E 不主动，合作差	A 内容全面，目标合理 B 内容全面，目标较合理 C 内容基本正确 D 内容不正确 E 无内容	A 方法应用很正确 B 方法正确 C 方法基本正确 D 方法不正确 E 无方法	A 形式美观，有特色 B 形式美观 C 形式合理 D 形式尚合理 E 形式不合理	综合
学生自评					
学生互评					
教师评价					
任务评价	学生自评（0.2）＋学生互评（0.3）＋教师评价（0.5）				
	A 90～100　　B 80～89　　C 70～79　　D 60～69　　E 60 分以下				

思 考 题

1. 选点、埋石时应该注意哪些事项？
2. 简述操作手簿与接收机用蓝牙连接的具体步骤。
3. 自选区域设计控制测量网，并写出实测方案。
4. 简述 GPS 静态数据处理步骤。

实训二十三　GPS 动态测量与数据处理

★学习任务

（1）熟练使用 GPS 进行动态测量（GPS‐RTK）。

（2）运用 CASS 绘图软件进行 GPS 动态数据处理。

※学习目标

（1）掌握 GPS 动态测量的施测方法。

（2）能够正确地进行 GPS 动态数据的处理。

▲仪器和工具准备

1 套中纬 Zenith50GPS 接收机，操作手簿 1 个，三脚架 1 个，南方 CASS 数字成图软件 1 套。

一、知识准备

1. GPS 动态测量（GPS‐RTK）

实时动态测量就是在基准站上安置的接收机，对所有可见 GPS 卫星进行连续观测，并将其观测数据通过无线电传输设备（也称数据链）实时地发送给用户观测站（流动站）；在用户观测站上，GPS 接收机在接收 GPS 卫星信号的同时，通过无线电接收设备，接收基准站传输的观测数据，然后根据相对定位原理，实时地解算并显示用户站的三维坐标及其精度，其定位精度可达 1～2cm。

2. GPS‐RTK 的优点

（1）观测站之间无需通视。传统的测量方法必须保持观测站之间有良好的通视条件，而 GPS 测量不要求观测站之间通视。

（2）定位精度高。我们采用实时动态相位差分技术（RTK 技术），其定位精度可达 1～2cm，测深仪精度为 5cm+0.4%。

（3）操作简便、全程监控。只需 GPS 与电脑连接，开机即可，无须架仪器和后视，能实时监控定位的全过程。

（4）全天候作业。GPS 测量不受天气状况的影响，可以全天候作业（夜间、雨天都可以工作）。

（5）成图高度自动化。配套的数据处理成图软件具有自动成图和计算功能。能自动计算各层间面积和方量，计算各断面总抛量和未抛量。

3. RTK 测量技术的作业方法

测区范围确定好之后，根据技术设计书的要求，在基准站的位置架设好基准站接收机，将基准站接收机与流动站接收机设置为动态模式，通过蓝牙将操作手簿与流动站接收机连接，新建一个 RTK 测量文件，在新文件下进行坐标系转换，转换为统一的坐标系，然后用流动站进行碎部特征点的采集，采集结束之后，将数据传输到计算机中，运用绘图软件将所采集的碎部点按照实地地貌展会成图。

观测要求如下：

（1）基准站要严格对中整平。

（2）检查基准站、流动站电池是否充足。

（3）基准站必须有人不间断看护。

（4）严格按照操作步骤进行。

二、任务实施

每个实训班级以小组为单位，采用 GPS – RTK 测量技术，在所在的校区内选择一处地貌较丰富的区域进行碎部特征点的采集，同时绘制草图，然后经测量成果检核将 RTK 数据传输至相应路径，将数据导入至 CASS 成图软件，根据所画草图绘制地形图。

1. 操作步骤

（1）在指定的控制点上架设基准站接收机。

（2）打开基准站接收机，将接收机设置为动态测量模式。

（3）将流动站接收机安置在碳纤杆上，打开流动站与操作手簿，把流动站和操作手簿通过蓝牙连接起来。

（4）在操作手簿上新建一个测量文件。

（5）进行坐标转换，由于 GPS 所采用的是 WGS – 84 坐标系，而我们手头拿到的是当地坐标系下部分控制点的坐标，所以必须要将两者统一起来，操作步骤如下：

1）完成仪器架设及各种设置，待固定后，点击"文件"—"新建任务"，如图 23 – 1 所示，输入任务名称，选择对应的坐标系统，接受。

2）点击"文件"—"当前坐标参数"，如图 23 – 2 所示，查看参数是否正确（中央子午线，投影高，不需勾选"水平平差"和"垂直平差"）。

图 23 – 1　GPS 手簿操作界面　　　图 23 – 2　GPS 手簿参数设置界面

3）在"键入"中依次键入三个控制点的地方坐标（"控制点"勾选），如图23-3所示。

4）点击"测量"—"测量点"，测量控制点（输入点名时既要与键入点的点名一一对应又不能重复，如键入坐标时控制点的点名为D1，测量该点时可考虑将点输为D1W，否则点名相同时会导致覆盖）。

5）依次测量三个对应的控制点后，点击"测量"—"点校正"—"增加"，网格点就是已键入的控制点，GPS点是测量出的控制点坐标，一一对应后，确定。连续增加三组，点击"计算"（为保证精度，此时残差水平方向不得大于0.015m，垂直方向不得大于0.020m）—"确定"（提示为应用到当前任务）—"确定"（提示为作为模版存储在坐标系管理中），如图23-4所示。

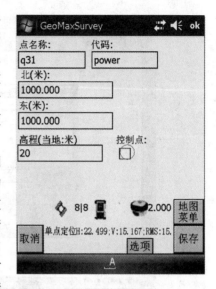

图23-3　GPS手簿控制点输入界面

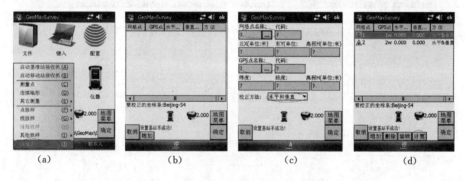

图23-4　GPS手簿控制点校正界面

6）点校正完成之后，可找一个已知点进行检验，满足精度要求后即可进行碎部点的采集工作。

（6）将采集好的坐标文件传输入计算机，检查有没有飞点，如果数据无误，就可以在绘图软件中展会成图了。

（7）将南方CASS成图软件打开，展出所测数据点位，根据草图，绘制数字地形图。

1）展点。

先移动鼠标至屏幕的顶部菜单"绘图处理"项按左键，这时系统弹出一个下拉菜单。再移动鼠标选择"绘图处理"下的"展野外测点点号"项，如图23-5所示，按左键后，选择数据所在文件（图23-6），打开数据文件，所测数据点号就展好了，点位示意图如图23-7所示。

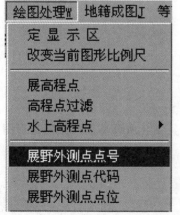

图23-5　成图软件展点菜单

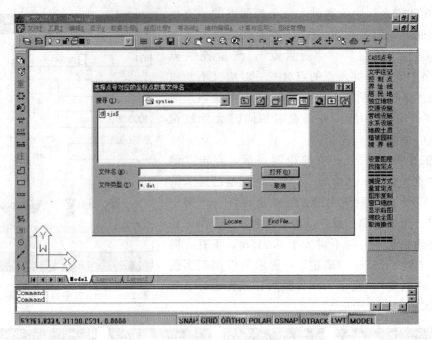

图 23-6 成图软件展点选择文件界面

•52   •126

•47

•48

•40

•41

图 23-7 点位示意图

2) 绘制地形图。

点位展好之后，根据屏幕右侧的绘图菜单（图 23-8），结合所画草图，绘制地形图。

2. 训练要求

（1）基准站要严格对中整平。

（2）检查基准站、流动站电池是否充足。

（3）基准站必须有人不间断看护。

（4）保证所采集点位准确无误。

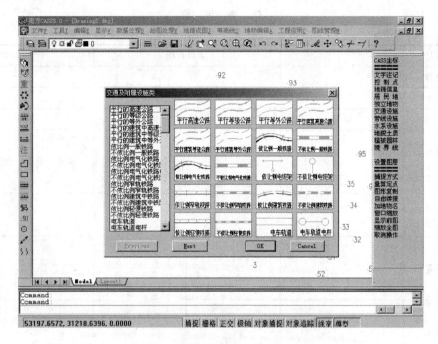

图 23 - 8　成图软件绘图命令对话框

（5）流动站解算出固定解方可压测量键，差分解与浮点解不可观测。

三、GPS 动态测量注意事项

（1）基准站工作期间，工作人员不能远离，要间隔一定时间检查设备工作状态，对不正常情况及时作出处理。

（2）由于基准站除了 GPS 设备耗电外，还要为 RTK 电台供电，可采用双电源电池供电，或采用汽车电瓶供电。条件许可时，可采用 12V 直流调变压器直接同市电网路连接供电。

（3）在信号受影响的点位，为提高效率，可将仪器移到开阔处或升高天线，待数据链锁定后，再小心无倾斜地移回待定点或放低天线，一般可以初始化成功。

（4）RTK 作业期间，基准站不允许下列操作：①关机又重新启动；②进行自测试；③改变卫星截止高度角或仪器高度值、测站名等；④改变天线位置；⑤关闭文件或删除文件等。

（5）控制点测量中，接收机天线姿态要尽量保持垂直（流动杆放稳、放直）。一定的斜倾度，将会产生很大的点位偏移误差。如当天线高 2m、倾斜 10°时，定位精度可影响 3.47cm。

（6）RTK 观测时要保持坐标收敛值小于 5cm。

（7）RTK 作业应尽量在天气良好的状况下作业，要尽量避免雷雨天气。夜间作业精度一般优于白天。

四、任务评价

任务评价见表 23-1。

表 23 - 1　　　　　　　　**任 务 评 价**

小组：＿＿＿＿＿　学号：＿＿＿＿＿　学生：＿＿＿＿＿　成绩：＿＿＿＿＿

工作项目			实训日期	计划学时	
工作内容					
教学方法	任务驱动（理论＋实践）				
工作目标	知识		能力	素质	
				认真、求实、合作精神	
工作重点及难点					
工作任务					
工作成果					
评价标准	A 很积极主动，团队合作很好　B 积极主动，团队合作好　C 较积极主动，团队合作尚好　D 不主动，合作尚好　E 不主动，合作差	A 内容全面，目标合理　B 内容全面，目标较合理　C 内容基本正确　D 内容不正确　E 无内容	A 方法应用很正确　B 方法正确　C 方法基本正确　D 方法不正确　E 无方法	A 形式美观，有特色　B 形式美观　C 形式合理　D 形式尚合理　E 形式不合理	综合
学生自评					
学生互评					
教师评价					
任务评价	学生自评（0.2）＋学生互评（0.3）＋教师评价（0.5）				
	A 90～100　　B 80～89　　C 70～79　　D 60～69　　E 60 分以下				

思 考 题

1. GPS - RTK 与全站仪测图相比较，优点有哪些？

2. 如何进行点位校正？

3. GPS - RTK 在哪些自然环境下无法解出固定解？

4. GPS - RTK 测图精度高，为什么？

第二部分 综合实训

实训二十四 渠道施工放样

★学习任务

(1) 熟练使用和操作经纬仪。

(2) 使用经纬仪进行施工放样。

※学习目标

(1) 使用经纬仪进行（线性工程）渠道中线放样以及圆曲线放样。

(2) 掌握渠道边坡放样。

▲仪器和工具准备

(1) 1台经纬仪，1个三脚架，1卷100m长度的钢尺，2根测钎，1个十字直角器，20根木桩，1块记录板，3kg石灰。

(2) 自备：铅笔，草稿纸。

一、模拟案例与任务

某渠道施工项目平面设计示意图与横断面图如图 24-1 所示，JD_1 里程是 0+120，偏角 $\alpha_1 = 30°$，圆曲线的半径 $R = 60m$；渠底宽 0.5m，边坡 1:1，渠深 1m，渠顶宽 0.5m，渠堤外边坡 1:1。放样任务：①请在实训场地内，合理选定 0+000 起点，按照平面图所示在地面上标定中心桩，并放样出渠道转角在 B 点的曲线；②分别放样出 0+000、0+020、0+050 渠道横断面，如图 24-2～图 24-4 所示，并打下木桩，链接各断面相应的边坡桩，撒以石灰。

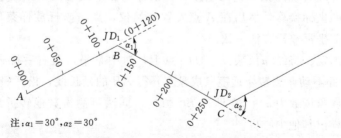

图 24-1 平面设计示意图

二、实施步骤

一般情况中线的起点、转折点、终点在渠道选线的时候已经标定，施工测量时主要是进行复核，其主要内容是测设中线交点桩、测定转折角、测设里程桩加桩。当中线转折角

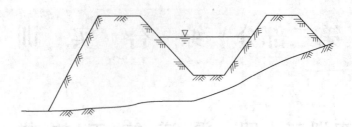

图 24-2 0+000 断面示意图

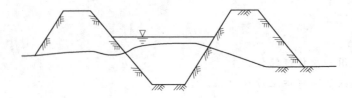

图 24-3 0+020 断面示意图

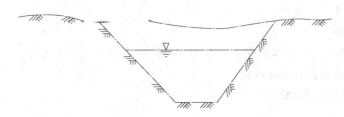

图 24-4 0+050 断面示意图

大于 6°时，还应测设曲线主点及曲线细部点的里程桩等。本模拟案例是将施工渠道在校园内实施，因此要在实训场合适的位置重新标定渠道中线。

（一）利用经纬仪进行测设

1. 中线测设

（1）中线（复核）标定。任意选定 A 点，在 A 点架设经纬仪（全站仪），对中整平，沿渠道方向用测钎配合经纬仪，钢尺量距，分别标定出中线桩。（如果使用全站仪放样，首先进行放样点的坐标换算，然后在 A 点安置全站仪，点击坐标放样菜单，输入待放样点坐标，具体同前坐标放样方法一致。）

（2）转折角测定。将经纬仪架设于 JD_1 点上，对中整平，盘右后视 A 点，将度盘至于 $00°00'00''$ 照准部不动，倒转望远镜（成盘左）得 AB 的延长线，松开照准部，向 BC 方向转动，使水平度盘读数为 $\alpha_1 = 30°$ 即得 BC 方向，同法可测得其他转折角。按照上述中线标定方法可放样出其他中心桩。

2. 圆曲线放样

（1）圆曲线元素的计算。曲线元素有：切线长度 $T = R\tan\left(\dfrac{\alpha}{2}\right)$、曲线长度 $L = R\alpha\left(\dfrac{\pi}{180°}\right)$、外矢距 $E = R\left(\sec\dfrac{\alpha}{2} - 1\right)$、切曲差 $D = 2T - L$。

（2）主点里程的计算。ZY 点里程＝JD 点里程－T，YZ 点里程＝ZY 点里程＋L，QZ 点里程＝YZ 点里程－$\left(\dfrac{L}{2}\right)$，$JD$ 点里程＝QZ 点里程＋$\left(\dfrac{D}{2}\right)$。

（3）按照上述计算式，将要放样的曲线主点元素计算填入表 24－1 圆曲线放样计算表。

表 24－1 　　　　　　　　　　　　圆曲线放样计算表

圆曲线元素计算		主点里程计算	
切线长度	$T=R\tan(\alpha/2)$	JD	
曲线长度	$L=R\alpha(\pi/180°)$	ZY	
外矢距	$E=R[\sec(\alpha/2)-1]$	YZ	
切曲差	$D=2T-L$	QZ	

（4）圆曲线主点的测设。①圆曲线起点与终点的测设：安置经纬仪在 JD_1 上，后视 A 点（一般后视中线方向相邻点），自 JD_1 点量取切线长度 T，得曲线起点 ZY 点位置，插上测钎；逆时针旋转照准部，测设水平角（$180°-\alpha_1$）得 YZ 点方向，然后从 JD_1 点量取切线长度 T，得曲线起点 YZ 点位置，插上测钎；再用钢尺丈量测钎与最近的直线桩的距离看是否在容许误差范围，若不在范围应当查找原因进行改正。②测设圆曲线中点：经纬仪在 JD_1 上照准前视点 YZ 不动，水平度盘置零，顺时针转动照准部，水平度盘读数为 $\beta\left[\beta=\dfrac{(180°-\alpha_1)}{2}\right]$，

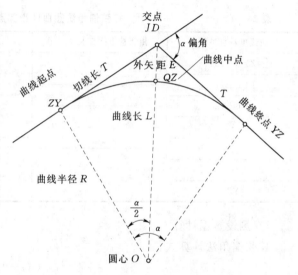

图 24－5　圆曲线主点测设示意图

得曲线中点的方向，从 JD_1 点量取切线长度 E，得中点 QZ，插上测钎，按照上述方法进行校核，复核条件后打下 QZ 木桩。如图 24－5 所示。

（5）曲线细部放样。当圆曲线小于 40m 时，测设曲线 3 个主点就能够满足施工要求。如果圆曲线较长，或地形变化较大时，还需要按照表 24－2 所列的桩距在曲线上测设加桩，这就是圆曲线的详细测设。

表 24－2　　　　　　　　　　　　　　中　桩　间　距

直线/m		曲线/m			
平原微丘区	山岭重丘区	布设超高曲线	$R>60$	$30<R<60$	$R<60$
≤50	≤25	25	20	10	5

　　圆曲线的测设分为：偏角法（长弦偏角法和短弦偏角法，见表24-3和表24-4）、弦线支距法、弦线偏距发，这里主要练习偏角法。

表 24-3　　　　　　　　　　　　　　**长弦偏角法圆曲线细部点测设数据**

曲线里程桩桩号	相邻桩点间弧长 L_i/m	偏角 δ_i/(° ′ ″)	弦长 C_i/m
ZY 0+104		00 00 00	0
	6		
P_1 0+110		δ_1（　　）	C_1（　　）
	10		
P_2 0+120		δ_2（　　）	C_2（　　）
⋮		⋮	⋮
⋮		⋮	⋮
⋮		⋮	⋮
YZ			

表 24-4　　　　　　　　　　　　　　**短弦偏角法圆曲线细部点测设数据**

曲线里程桩桩号	相邻桩点间弧长 L_i/m	偏角 δ_i/(° ′ ″)	相邻桩点弦长 C_i/m
ZY 0+104		00 00 00	0
	6		
P1 0+110		δ_1（　　）	C_1（　　）
	10		
P2 0+120		δ_2（　　）	C_2（　　）
⋮		⋮	⋮
⋮		⋮	⋮
⋮		⋮	⋮
YZ			

1）测设数据计算。

长弦偏角法计算式：

$$\left.\begin{array}{l} \varphi_i = \varphi_1 + (i+1) \\[2mm] \delta_i = \dfrac{\varphi_i}{2} \\[2mm] C_i = \varphi_i\, \dfrac{180°}{\pi}R \end{array}\right\} \tag{24-1}$$

短弦偏角法计算式：

第一个点：

$$\left.\begin{array}{l} \delta_i = 180° - \dfrac{\varphi_i}{2} \\[2mm] C_1 = 2R\sin\left(\dfrac{\varphi_i}{2}\right) \end{array}\right\} \tag{24-2}$$

其余各点：

$$\left.\begin{array}{l} \delta = 180° - \varphi \\[2mm] C = 2R\sin\left(\dfrac{\varphi}{2}\right) \end{array}\right\} \tag{24-3}$$

2）测设方法。

a. 方法一：长弦偏角法（以计算表24-3数据测设）。

（a）安置经纬仪（全站仪）于曲线起点 ZY 上，瞄准交点 JD_1，将水平度盘读数置为 $00°00'00''$。测设示意图如图 24-6 偏角法详细测设圆曲线示意图所示。

（b）水平转动照准部，使水平度盘读数为 δ_1，沿此方向测设弦长等于 C_1 即得 P_1 点。

（c）再水平转动照准部，使水平度盘读数为 δ_2，沿此方向测设弦长等于 C_2 即得 P_2 点；以此类推，测设 P_3、P_4 等其他细部点。

（d）测设至曲线终点 YZ 作为校核，检查是否与原测设主点 YZ 重合。如果不重合，其闭合差按照半径方向不超过 0.1m；切线方向不超过 $L/1000$ 检核。

b. 方法二：短弦偏角法（以计算表 24-4 数据测设）。

（a）安置经纬仪（全站仪）于曲线起点 ZY 上，瞄准交点 JD_1，将水平度盘读数置为 $00°00'00''$。

（b）水平转动照准部，使水平度盘读数为 δ_1，沿此方向测设弦长等于 C_1 即得 P_1 点。

（c）将仪器安置在 P_1 点，后视 ZY 点，再逆时针水平转动照准部，拨偏角 δ_2，沿此方向测设弦长等于 C_2 即得 P_2 点；以此类推，测设 P_3、P_4 等其他细部点。

（d）在 P_4 点后视 P_3 点测设至曲线终点 YZ 作为检核，其闭合差要求同前。

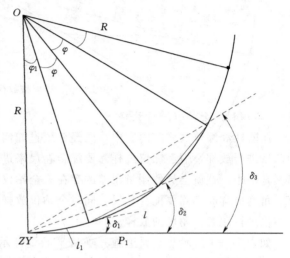

图 24-6　偏角法详细测设圆曲线示意图

3. 渠道边坡放样

边坡放样的主要任务是：在每个里程桩和加桩上将渠道设计横断面按尺寸在实地标定出来，以便指导渠道的开挖和填筑施工。

$0+000$、$0+020$、$0+050$ 渠道横断面，分别为挖方断面、挖填断面、填方断面，在挖方断面需要标出开挖线，填方断面需标出填方坡脚线，挖填断面既有开挖线又有填土线，这些挖填线在每个断面处用边坡桩标定。所谓边坡桩就是设计横断面与原地面线交点的桩。

（1）计算或查找渠道断面放样数据表（表 24-5）。

表 24-5　　　　　　　　　　　　渠道断面放样数据表　　　　　　　　　　单位：m

桩号	地面高程	设计高程		中心桩		中心桩至边坡桩的距离			
		渠底	渠堤	填高	挖深	左外坡脚	左内边坡	右内边坡	右外坡脚
$0+000$	76.21	76.42	77.42	0.21	—	2.5	1.25	1.25	1.75
$0+020$	77.48	76.12	77.12	—	1.36	2.05	1.25	1.25	1.55
$0+050$	77.68	75.88	76.88	—	1.8	—	1.25	1.25	—

（2）放样。先在实地（桩号处）用十字直角器定出横断面方向，然后根据放样数据沿横断面方向将边坡桩标定在地面上。如图 24-7 边坡桩放样示意图所示，从中心桩左侧方向量取 L_1 得到左内边坡桩 e，量取 L_3 得左外坡脚桩 d，再从中心桩沿右侧方向量取 L_2 得到右内边坡桩 f，分别打下木桩，即为开挖、填筑界线的标志，连接各断面相应的边坡桩，洒以石灰，即为开挖线和填土线。边坡桩放样如图 24-7 所示。

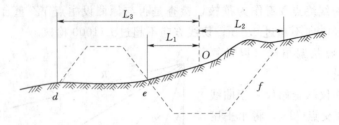

图 24-7　边坡桩放样示意图

（二）利用全站仪进行放样

在前述经纬仪放样的内容中，已经介绍过如何使用经纬仪进行放样，即计算出角度和距离后进行放样，但经纬仪放样需要配合卷尺来进行，而我们算出的放样点和测站点的距离又是平距，这就会导致测量误差的存在。全站仪能够克服上述测量误差，因为它进行距离、角度放样时不需要配合卷尺。同时全站仪放样可以提高放样精度。下面学习如何使用全站仪进行距离、角度的放样。

如图 24-1 所示为某渠道施工项目平面设计示意图，JD_1 里程是 0+120，偏角 $\alpha_1=30°$，圆曲线的半径 $R=60$m。放样任务：请在实训场地内，合理选定 0+000 起点，按照平面图所示在地面上标定中心桩，并放样出渠道转角在 B 点的曲线，洒以石灰。

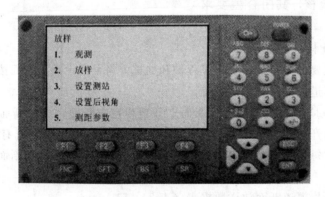

图 24-8　放样模式

操作步骤如下：

（1）在测站 A 点安置全站仪，对中调平后，对准要放样的目标方向。

（2）单击"F3"键进入放样模式，如图 24-8 所示。

（3）如图 24-8 所示，距离、角度放样不需要设置测站和后视角参数，但在进入放样操作应检查"5.测距参数"的设置。相对于两种模式来说，棱镜模式的精确度是比较高的，所以要把反射体类型设置为棱镜模式，测距模式设置为精测，以保证放样的精确度。

（4）选取"2. 放样"，按"ENT"键，进入如图 24-9 所示界面，该界面是进行坐标放样时需要操作的界面，和本放样无关，所以在面板上选择"▼"按钮，向下翻页，在如图 24-10 所示界面中，依次输入"距离：H""角度：a"，每输入一项数据后按 ENT 键确认，这里"角度：a"即选定要放样的方向值。

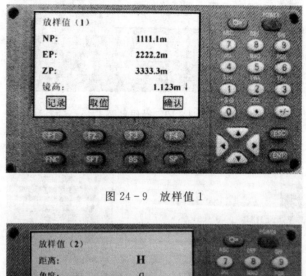

图 24-9 放样值 1

图 24-10 放样值 2

（5）全部输入完毕按"确认"键后，界面显示如图 24-11 所示，其中，S-O.H 表示到待放样点的距离值，DHA 表示到待放样点的水平角差值。单击"F3"键进入索引模式界面。

（6）点击索引菜单后进入到如图 24-12 所示界面，界面中第一行显示的即为放样点与测站连线方向和参考方向开始逆时针旋转（第四步输入的放样角度）。仪器照准部显示旋转到屏幕第一行显示 0°00′00″ 时拧紧水平制动螺旋（图 24-13），这就意味着放样点是在全站仪竖丝所对的方向上，当角度实测值与放样值的差值在 ±30″ 范围内时，屏幕上显示两个相应方向箭头。

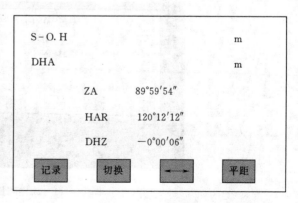

图 24-11 确认界面

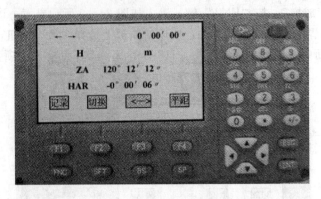

图 24-12　操作界面 1

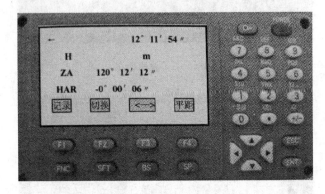

图 24-13　操作界面 2

（7）在望远镜照准方向上安置棱镜并照准。按下"平距"键开始距离放样测量，按"切换"键可选择平距模式，如图 24-14 所示。手拿棱镜的同学要在全站仪操作者的指引下在全站仪竖丝方向上行走。H［（4）中输入的距离］距离即为放样点的位置。在行走的过程中要不断测量棱镜与测站点的距离（如图 24-15 第二行所示：放样点要从棱镜现在所处位置开始向后移动 2.456m 到达），两箭头表示移动的方向，"↑"表示向远离测站方向移动棱镜；反之，则是向测站方向移动棱镜。

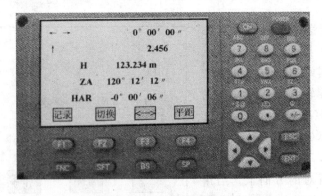

图 24-14　放样测量模式

（8）按箭头方向前后移动棱镜，直到第二行显示的距离为 0.000m，同时棱镜处在完全调平的状态时，棱镜的光学对中中心所对应的地面上的点即为放样点（放样结束时全站仪显示界面如图 24-15 所示）。

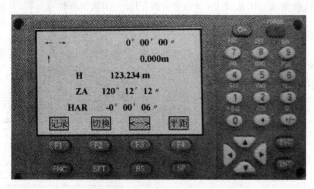

图 24-15　操作界面 4

（9）渠道转折角和曲线放样。方法步骤与前述相同，全站仪操作菜单与上述相同。

三、任务评价

任务评价见表 24-6。

表 24-6　　　　　　　　　　　任 务 评 价

小组：_____　学号：_____　学生：_____　成绩：_____

工作项目		实训日期		计划学时	
工作内容					
教学方法		任务驱动（理论＋实践）			
工作目标	知识	能力		素质	
				认真、求实、合作精神	
工作重点及难点					
工作任务					
工作成果					

续表

评价标准	A 很积极主动团队合作很好 B 积极主动，团队合作好 C 较主动，团队合作尚好 D 不主动，合作尚好 E 不主动，合作差	A 内容全面，目标合理 B 内容全面，目标较合理 C 内容基本正确 D 内容不正确 E 无内容	A 方法应用很正确 B 方法正确 C 方法基本正确 D 方法不正确 E 无方法	A 形式美观，有特色 B 形式美观 C 形式合理 D 形式尚合理 E 形式不合理	综合
学生自评					
学生互评					
教师评价					
任务评价	学生自评（0.2）＋学生互评（0.3）＋教师评价（0.5）				
	A 90～100　　B 80～89　　C 70～79　　D 60～69　　E 60 分以下				

思 考 题

1. 请总结渠道施工测设的过程以及方法步骤。

2. 试写出用全站仪按照距离、角度进行上述渠道放样的操作步骤。如果采用坐标放样需要计算那些数据。

实训二十五 水闸施工放样

★**学习任务**

（1）熟练使用和操作经纬仪。

（2）使用经纬仪进行施工放样。

※**学习目标**

（1）使用经纬仪进行水闸主要轴线、闸底板与闸墩的放样。

（2）掌握使用经纬仪进行水工建筑物的放样方法。

▲**仪器和工具准备**

（1）1台经纬仪，1个三脚架，1卷50m长度的钢尺，2根测钎，20根木桩，1块记录板，3kg石灰。

（2）自备：铅笔，草稿纸。

一、模拟案例与任务

某渠首3孔引水闸总宽度12m，单孔净宽2m，中墩宽1m，边墩宽2m，闸底板宽度8m，上下游长度4m，平面设计示意图如图25-1所示。任务：请在实训场地内，合理选定位置，按照平面图所示在地面上标定出水闸主轴线、闸底板以及闸墩的施工轮廓线。

二、实施步骤

水闸的施工放样，包括水闸主要轴线、闸墩中线、闸孔中线、底板范围以及各细部的平面位置的测设和高程等。

1. 水闸主轴线的放样

在实训场标定轴线端点 A、B、C、D 的位置，如图25-2所示。

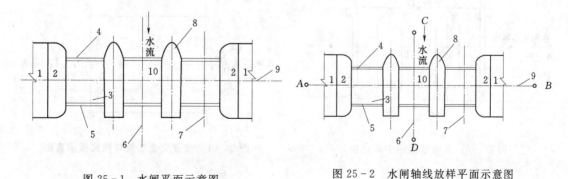

图25-1 水闸平面示意图

图25-2 水闸轴线放样平面示意图

1—坝体；2—侧墙；3—闸墩；4—检修闸门；
5—工作闸门；6—水闸中线；7—闸孔中线；
8—闸墩中线；9—水闸中心轴线；10—闸室

145

（1）在实训场选定 A 点打下木桩，桩头辅以小钢钉，在 A 点架设经纬仪，对中整平，前视定出 B 点，并打下木桩，使 AB 间距离大于 12m。

（2）主轴线 A、B 端点确定后，精密测设 AB 的长度，并标定中点 O 的位置。再在 O 点安置经纬仪，测设 AB 的垂线 CD，并在施工范围外（这里因闸底板上下游长度为 4m，CD 间距大于 6m 即可，）标定 C、D 两点打下木桩。

确定 CD 步骤：将经纬仪架设于 O 点上，对中整平，盘左（盘右）后视 A 点，将度盘至于 $00°00′00″$，松开照准部，向 CD 方向转动，使水平度盘读数为 $\alpha_1 = 90°$ 即得 CD 方向，插上测钎，反复上述步骤，校核完毕无误后打下木桩。

（3）同样的方法测设出中墩与边墩中线。

（4）在 AB 轴线两端延长线位置（本案取 AB 两端各 2m 位置），确定出 A'、B' 两个引桩，主要用于校核与恢复端点位置的依据。

注：在现场施工时，轴线端点的位置，可根据端点施工坐标换算成测图坐标，利用测图控制点进行放样。对于独立小型闸，也可在现场直接选定端点位置。上述也可采用全站仪进行放样，方法同前面实训坐标放样方法一致。

2. 闸底板的放样

（1）如图 25-3 所示，根据底板设计尺寸（本案例为 4m×8m），由主轴线的交点 O 起，在 CD 轴线上，分别向上下游各量测底板长度的一半（本案例为 2m），得 G、H 两点。

（2）在 G、H 两点分别安置经纬仪，测设与 CD 轴线相垂直的两条方向线，分别与边墩中线交 E、F、K、I，即为闸底板的 4 个脚点。

（3）前方交会法。如果施工场地测设距离比较困难，也可以利用水闸轴线 AB 作为控制点，假设 A 点坐标，根据闸底板 4 个脚点到 AB 轴线的距离及 AB 的长度，可推算出 B 点及 4 个脚点的坐标，通过坐标反算求得放样角度，在 A、B 两点用前方交会法放出 4 个脚点，示意图如图 25-4 所示。

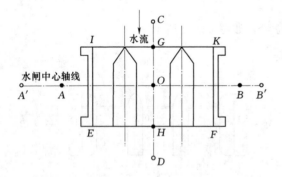

图 25-3 水闸放样的主要点位

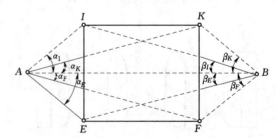

图 25-4 前方交会法放样闸底板示意图

3. 闸墩的放样

（1）对闸墩中线位置进行复核。

（2）直线部分。根据平面图（图 25-5）设计的有关尺寸用直角坐标法放样。

（3）椭圆曲线部分。应按设计的椭圆方程式，计算曲线上相隔一定距离点的坐标，由

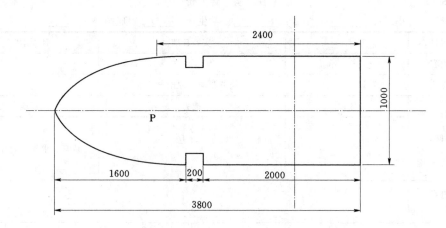

图 25-5　闸墩放样平面图

各坐标可求出椭圆的对称中心点 P 至各点的放样数据，本案例放样数据见表 25-1，按照极坐标法放样1、2、3等点，放样示意图如图 25-6 所示。

表 25-1　　　　　　　极坐标法闸墩曲线放样数据表

点位号	极距 L/mm	角度 β	点间距/mm
1	1150.05	15°	
			395.42
2	847.28	30°	
			396.83
3	592.27	75°	
			340.21
⋮	500	90°	
⋮	⋮	⋮	⋮
6			

注　利用 AutoCAD 计算机辅助绘图软件，按照设计院所给定椭圆曲线长短轴（或椭圆计算公式）也可以求出角度
　　与极距的关系。

极坐标放样步骤：如图 25-6 所示，在 P 点安置经纬仪，对中整平，盘左后视 A 点，将度盘至于 $00°00'00''$，松开照准部，拨偏角 β_1，使水平度盘读数为 $\beta_1=15°$ 即得 1 点方向，由 P 点拉钢尺测 1150.05mm 即为 1 点位置，插上测钎反复校核无误打下木桩即为 1 点放样位置；后续点位 2、3 采用同样方法。

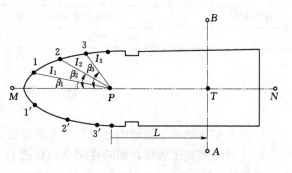

图 25-6　极坐标法闸墩曲线放样平面示意图

三、任务评价

任务评价见表 25-2。

表 25 - 2 任务评价

小组：_____ 学号：_____ 学生：_____ 成绩：_____

工作项目			实训日期	计划学时
工作内容				
教学方法	任务驱动（理论＋实践）			
工作目标	知识	能力		素质
				认真、求实、合作精神
工作重点及难点				
工作任务				
工作成果				
评价标准	A 很积极主动团队合作很好 B 积极主动，团队合作好 C 较主动，团队合作尚好 D 不主动，合作尚好 E 不主动，合作差	A 内容全面，目标合理 B 内容全面，目标较合理 C 内容基本正确 D 内容不正确 E 无内容	A 方法应用很正确 B 方法正确 C 方法基本正确 D 方法不正确 E 无方法	A 形式美观，有特色 B 形式美观 C 形式合理 D 形式尚合理 E 形式不合理	综合
学生自评				
学生互评				
教师评价				
任务评价	学生自评（0.2）＋学生互评（0.3）＋教师评价（0.5）			
	A 90～100 B 80～89 C 70～79 D 60～69 E 60 分以下			

思 考 题

1. 请总结水闸施工测设的过程以及方法步骤。

2. 上述水闸施工放样，如果使用全站仪进行坐标放样，进行坐标换算还需要知道那些已知条件。

实训二十六　场　地　平　整

★学习任务

　　(1) 熟练操作经纬仪和水准仪。

　　(2) 会进行已知高程和未知高程的场地平整。

※学习目标

　　(1) 使用经纬仪进行方格网放样。

　　(2) 使用水准仪进行高程测量。

　　(3) 掌握场地平整的计算方法。

▲仪器和工具准备

　　(1) 经纬仪，水准仪各 1 台，2 个三脚架，水准尺 1 套，1 卷 50m 长度的钢尺，2 根测钎，20 根木桩，1 块记录板，2kg 石灰。

　　(2) 自备：铅笔，草稿纸。

一、模拟案例与任务

　　按照图 26-1 场地平整数据图所示，请在实训场地内，合理选定地点，按照 10m×10m 布置方格网，测出每个角点的高程填入图 26-1 实测高程处，并求出平均高程，按照东西方向 1% 的坡降进行高程设计，画出填挖边界线。

二、实施步骤

　　1. 测设方格网

　　(1) 在实训场合适位置，任意选定 0-0 点，安置经纬仪，首先确定 3-0（或 0-3）方向，分别用钢尺沿 3-0 方向量测，配合测钎标定出 10m、20m、30m 点，校核无误后打下木桩即为 1-0、2-0、3-0 点位。

　　(2) 在 0-0 点精品仪器，盘左后视 3-0 点，将度盘至于 $00°00'00''$，松开照准部，拨偏角 β_1，使水平度盘读数为 $\beta_1 = 90°$ 即得 0-3 点方向，分别用钢尺沿 0-3 方向量测，配合测钎标定出 10m、20m、30m 点，校核无误后打下木桩即为 0-1、0-2、0-3 点位。

　　(3) 分别在已放样出的 1-0、2-0、3-0 点位按照同样的方法放出其余点位。

　　2. 方格网角点高程测量

　　在实训场内安置水准仪，分别测量出方格网交点高程填入图 26-1 场地平整数据图相应位置。

　　3. 求场区高程加权平均值

　　由于方格网点高程所控制的面积不同，因此设定角点的权为 1、边点的权为 2、拐点的权为 3、芯点的权为 4，故平均高程就是各方格网交点的高程分别乘以各点的权，求得总和后，再除以各点权的总和。

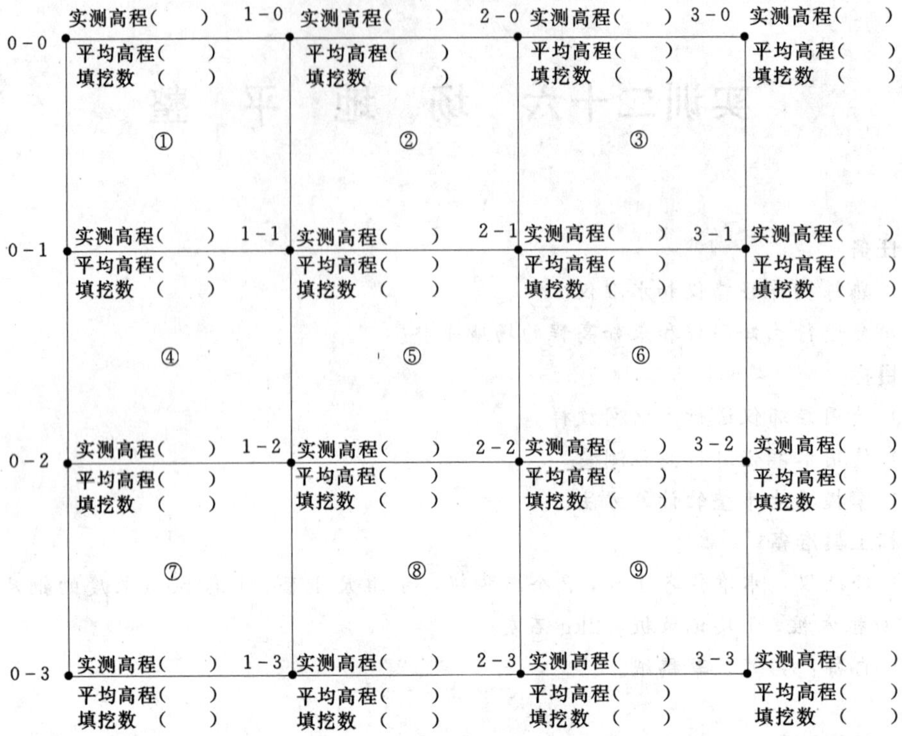

	实测高程（　　）1-0	实测高程（　　）2-0	实测高程（　　）3-0	实测高程（　　）
0-0	平均高程（　　）	平均高程（　　）	平均高程（　　）	平均高程（　　）
	填挖数（　　）	填挖数（　　）	填挖数（　　）	填挖数（　　）
	①	②	③	

（场地平整方格网图，见下方说明）

图 26-1　场地平整数据图

平均高程 $H_p =$ [(0-0 高程＋0-3 高程＋3-0 高程＋3-3 高程)×1＋(0-1 高程＋

0-2 高程＋1-0 高程＋2-0 高程＋3-1 高程＋3-2 高程＋1-3 高程

＋2-3 高程)×2＋(1-1 高程＋1-2 高程＋2-1 高程＋2-2 高程)

×4] / (1×4＋2×8＋4×4)

4. 按照设计坡度求高程

$$H_i = H - (HL \times 1\%)$$

式中　H_i——所求角点高程，m;

　　　L——所求 H_i 角点与前 1 点的距离，m;

　　　H——所求 H_i 角点前 1 点的高程，m。

5. 填挖边界的计算

$$D = L \frac{h_1}{h_1 + h_2}$$

式中　L——方格网的边长，m;

　h_1、h_2——相邻两个交点的填挖绝对值，m;

　　　D——零点 S 到计算点的距离，m。

计算出数据后在图 26-1 上绘出零线（填挖边界线）。

求解算例：

3-0 点的高程为 56.90m，4-0 点的高程为 56.20m，$L=20$m，则 $h_1 = 56.90 - 56.50 =$

0.40(m)，$h_2=\mid 56.20-56.50 \mid =0.30(m)$，$D=20\times 0.4/(0.4+0.3)=11.43(m)$。

自 3-0 点沿网格线向 4-0 点量取 11.43m 即为填挖边界点 S，以此计算、链接出填挖边界点，如图 26-2 所示。

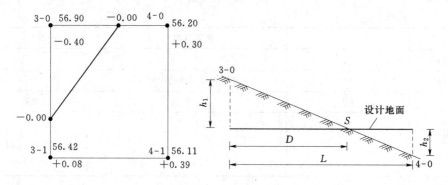

图 26-2　零点的计算

以上工作完成后即可开始计算挖填，当方格全部为挖方或是填方时，可平均网格四角高程为平均填挖数，再利用方格的面积求出挖填量。当方格内既有挖方又有填方时，填挖量应分别计算。如图 26-3 所示，方格内的斜线为填挖边界线，左上侧需要挖方，右下侧需要填方。左侧三角形的平均挖方深度为 $(0.4+0.00+0.00)/3=0.13(m)$，面积为 81.6m²，挖方量为 $81.6\times 0.13=10.61$（m³）。右侧五边形的平均填方深度为 $(0.00+0.30+0.39+0.08+0.00)/5=0.15$（m），面积为 318.40m²，填方量为 $318.40\times 0.15=47.76$（m³）。

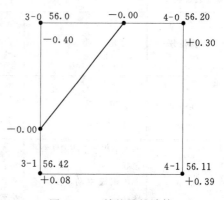

图 26-3　填挖量的计算

按照上述方法，从方格网的左上角开始，由左至右，由上至下计算出每个方格的填挖量填入表 26-1。

表 26-1　　　　　　　　　　填　挖　量　表

序号	平均挖深/m	挖方面积/m²	挖方量/m³	平均填深/m	填方面积/m²	填方量/m³
1						
2						
3						
4						
5						
6						
7						
8						
9						
10						
合计						

三、任务评价

任务评价见表 26-2。

表 26-2   任 务 评 价

小组：_____ 学号：_____ 学生：_____ 成绩：_____

工作项目		实训日期		计划学时	
工作内容					
教学方法	任务驱动（理论＋实践）				
工作目标	知识	能力		素质	
				认真、求实、合作精神	
工作重点及难点					
工作任务					
工作成果					
评价标准	A 很积极主动团队合作很好 B 积极主动，团队合作好 C 较主动，团队合作尚好 D 不主动，合作尚好 E 不主动，合作差	A 内容全面，目标合理 B 内容全面，目标较合理 C 内容基本正确 D 内容不正确 E 无内容	A 方法应用很正确 B 方法正确 C 方法基本正确 D 方法不正确 E 无方法	A 形式美观，有特色 B 形式美观 C 形式合理 D 形式尚合理 E 形式不合理	综合
学生自评					
学生互评					
教师评价					
任务评价	学生自评（0.2）＋学生互评（0.3）＋教师评价（0.5）				
	A 90～100 B 80～89 C 70～79 D 60～69 E 60 分以下				

思 考 题

1. 场地平整分为已知设计高程和未知设计高程两种，请总结场地平整的方法步骤。
2. 请将上述实训数据表格在 Excel 中进行链接计算。

参 考 文 献

［1］ 中工程测量规范（GB 50026—2007）［S］. 北京：中国计划出版社，2007.

［2］ 《水利工程施工测量》课程建设团队. 水利工程施工测量 ［M］. 北京：中国水利水电出版社，2010.

［3］ 王欣龙. 测量放线工 ［M］. 北京：化学工业出版社，2014.

［4］ 张仁. 工程测量 ［M］. 北京：中国水利水电出版社，2014.

［5］ 张仁. 王洪利. 测量工、钢筋工、模板工实训指导书 ［M］. 北京：中国水利水电出版社，2014.

［6］ 水利水电工程施工测量规范（DL/T 5173—2012）［S］. 北京：中国电力出版社，2012.

［7］ 水利水电工程施工测量规范（SL 52—93）［S］. 北京：中国水利水电出版社，1994.

参 考 文 献